高等职业教育“十三五”规划教材

通信电子线路

马蕾　主编

刘海燕　刘素芳　副主编

陈享成　主审

化学工业出版社

·北京·

本书主要内容包括通信系统概述，高频小信号放大器，高频功率放大器，正弦波振荡器，调幅、检波与混频，角度调制与解调，反馈控制电路及无线收发系统实训。

本书本着理论够用为度、突出实用性的原则编写。重点强化了通信电子线路应用中的思路与措施，充分体现高职高专教学特色。

本书可作为高职高专院校通信技术、应用电子技术、电子信息技术、计算机等专业的教材，也可供从事相关专业工程技术人员参考使用。

图书在版编目（CIP）数据

通信电子线路/马蕾主编. —北京：化学工业出版社，2018.9

高等职业教育“十三五”规划教材

ISBN 978-7-122-32658-4

Ⅰ.①通… Ⅱ.①马… Ⅲ.①通信系统-电子电路-高等职业教育-教材 Ⅳ.①TN91

中国版本图书馆 CIP 数据核字（2018）第 155581 号

责任编辑：潘新文　　装帧设计：韩　飞

责任校对：宋　夏

出版发行：化学工业出版社（北京市东城区青年湖南街 13 号　邮政编码 100011）

印　　装：大厂聚鑫印刷有限责任公司

787mm×1092mm　1/16　印张 11½　字数 230 千字　2018 年 10 月北京第 1 版第 1 次印刷

购书咨询：010-64518888（传真：010-64519686）　售后服务：010-64518899

网　　址：http://www.cip.com.cn

凡购买本书，如有缺损质量问题，本社销售中心负责调换。

定　　价：29.80 元

前 言

通信电子线路是通信技术专业、电子信息工程专业、计算机专业的一门重要的专业基础课程。本书根据高职高专的培养目标和学生的知识基础情况，剔除复杂的理论分析，加强实用知识的讲解，将理论知识与实践紧密结合，突出了学生动手能力与实践能力的培养。在内容编排上，尽量通过比较通俗易懂的语言讲透通信电子线路的基本原理，同时尽量做到章节安排层次清晰、难度由浅入深。本书特色如下：

1. 为学生学习专业课程提供必要的基础知识支撑，使学生具备运用专业基础理论与方法分析和解决实际问题的能力。

2. 各章节既有独立性，又注重相互的联系性与系统性。在基本电路分析方面以分立电路为主，在电路应用介绍方面，结合实际应用情况，增加了集成电路应用的实例。从单元到系统、从分立到集成、从基本原理到功能电路的实现，强调了电路的联系与应用。

3. 突出实用性与实践性。部分章节附有仿真实验项目，书末附有综合实训项目。

本书可作为高等职业院校通信技术、应用电子技术、电子信息技术、计算机等专业的教材，也可作为教师的参考书。

本教材由郑州铁路职业技术学院马蕾负责统稿，并担任主编，刘海燕、刘素芳担任副主编，陈享成主审。全书共分 8 章，其中马蕾编写了第 1、5、6 章，刘海燕编写了第 4 章，刘素芳编写了第 3 章，刘辉编写了第 2、7 章，陈志红编写了第 8 章的 8.1 节，冯笑编写了第 8 章的 8.2 节。

限于编者水平，书中难免有不妥之处，诚恳希望广大专家及读者批评指正。

编者

2018 年 5 月

目 录

通信系统概述

1.1 通信系统的基本原理

1.1.1 通信系统的组成

通信系统是传递、交换及处理信息的系统，是实现信息传递过程的全部技术设备和信道的综合。

一个完整的通信系统必须要有三大部分：发送端、接收端和传输媒介（信道）。图1-1所示为通信系统组成框图。

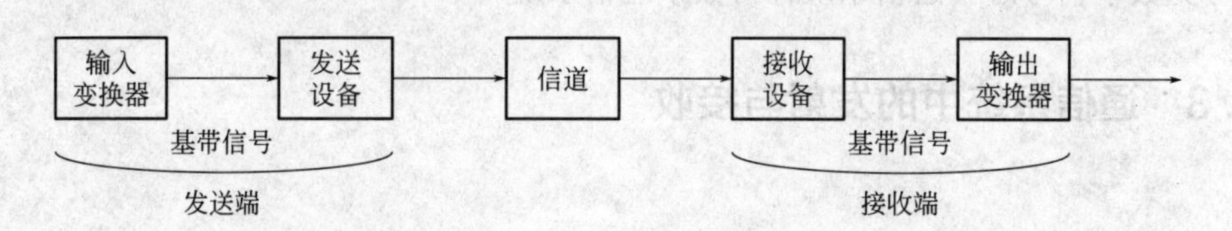

图 1-1　通信系统组成框图

输入变换器的主要任务是将输入信号（如语音、音乐、文字、图像等）转换为电信号，该电信号称为基带信号（或调制信号）。

发送设备的基本功能是将基带信号变换成适合在信道中有效传输的信号。变换中最主要的处理技术为调制，发送设备输出的信号为已调信号。

信道是指信号传输的通道，可以是无线的，也可以是有线的。无线信道就是自由空间，有线信道有同轴电缆、光纤等。

接收设备的基本功能是处理信道传送过来的已调信号，并从中还原出与信源相对应的基带信号，这种处理称为解调。

输出变换器负责将接收设备输出的基带信号还原为信息原始形式。

1.1.2 通信系统的分类

通信系统的种类很多，按通信业务的不同，可分为电话、电报、传真、数据通信系统；按照通信设备的工作频率的不同，分为长波通信、中波通信、短波通信、微波通信等；按传输媒介，可以分有线通信系统和无线通信系统；按信号类型，分模拟通信系统和数字通信系统。

1.1.2.1 有线通信系统和无线通信系统

以线缆为传输信道的通信系统称为有线通信系统，如使用金属导线作为传输媒介的有线电话系统就属于有线通信系统。

不需要线缆，而以大气空间、水或岩土等为传输信道的通信系统，称为无线通信系统，如移动电话通信系统、卫星通信系统等。

1.1.2.2 模拟通信系统和数字通信系统

在时间上连续变化的信号称为模拟信号（如语音信号），在时间上离散、幅度取值也离散的信号称为数字信号，模拟信号和数字信号可以互相转换。

当通信系统中传播的基带信号为模拟信号时，系统称为模拟通信系统；当传输的基带信号为数字信号时，通信系统称为数字通信系统。

1.1.3 通信系统中的发射与接收

1.1.3.1 无线电信号发射

如果将基带信号直接发射传播，会造成信号在空间混杂，接收设备无法选择所要接收的信号。例如，假如各广播电台都直接用音频频段传播信号，则各电台信号频率都在20Hz～20kHz，它们在空中混在一起，互相重叠干扰，接收设备无法从中选出自己需要的信号。因此不能直接将基带信号进行发射。

由天线理论可知，天线长度必须和电信号波长在同一数量级时，才能把电信号向空中有效辐射出去。基带信号一般是低频信号，波长较长，要直接发射它们，需要制造出很大的天线，这是不现实的。因此，需要对基带信号进行调制，将其“装载”在高频信号上发射出去。

1.1.3.2 无线电发射系统的组成

无线电发送系统的组成如图 1-2 所示。

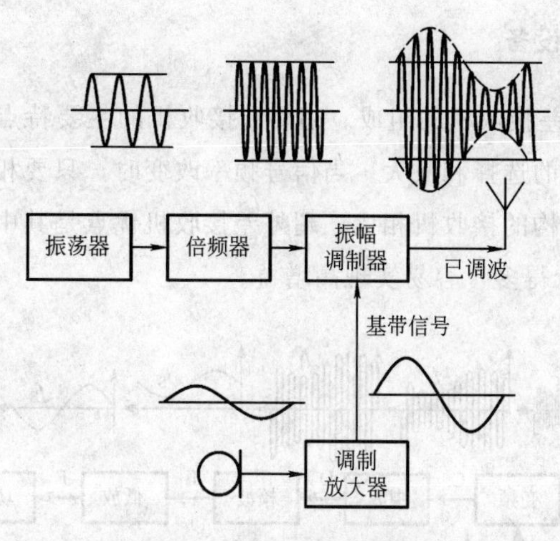

图 1-2　无线电发送系统的组成

振荡器的作用是产生等幅高频振荡信号。倍频器的作用是提高高频振荡信号的频率，产生载波频率信号。为保证高频振荡器的频率稳定度，高频振荡器的振荡频率一般低于载波频率的若干分之一。

根据载波受调制方式的不同，模拟信号调制分为调幅 AM、调频 FM 和调相 PM 三类。图 1-3 所示为调幅信号的波形图。其中图（a）为高频载波信号，图（b）为低频调制信号，图（c）为调幅后的已调信号。

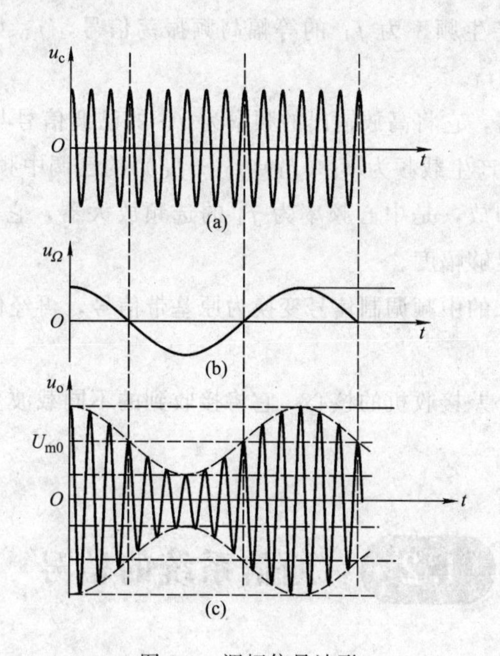

图 1-3　调幅信号波形

高频已调信号发射前需经过功率放大电路放大，获得足够的发射功率，然后发射到空间。

1.1.3.3 无线电接收设备

图 1-4 所示为超外差接收机的组成。超外差接收机的主要特点是由频率固定的中频放大器来完成接收信号的选择和放大。当信号频率改变时，只要相应地改变本地振荡信号频率即可。与其他结构的接收机相比，超外差接收机优点是其中频比载频低得多，对选频网络的 Q 值要求低得多，容易实现高增益。

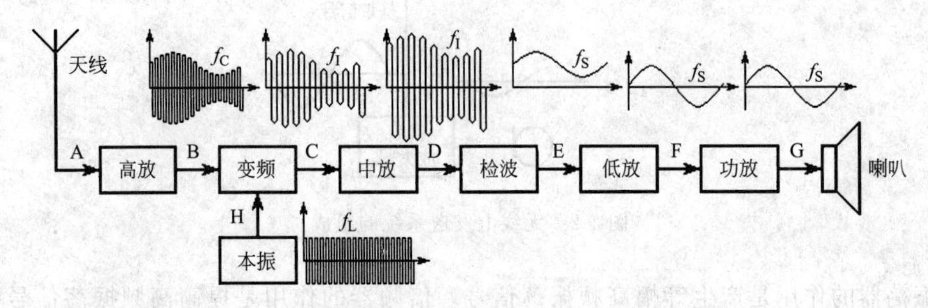

图 1-4 超外差接收机的组成示意图

接收天线接收从空间传来的电磁波，并产生微弱的高频无线电信号，一般只有几十微伏至几毫伏。

高频放大器简称高放，靠调谐电路对天线接收的微弱信号进行选择和放大；高频放大器的输出是已调载频信号。

本地振荡器用来产生频率为 f_L 的等幅高频振荡信号，f_L 始终要比载频 f_C 高出 f_I，即满足 $f_L=f_C+f_I$。

混频器也叫变频器，它将高放输出的频率为 f_C 的已调信号与本地振荡器提供的频率为 f_L 的信号混频，产生载频为 f_I（$f_I=f_L-f_C$）的已调中频信号。

中频放大器简称中放，是中心频率为 f_I 的选频放大器，它进一步滤除无用信号，并将有用信号放大到足够幅度。

检波器将中放送来的中频调制信号变换为原基带信号，再经低频信号放大、功率放大后从扬声器输出。

其中混频器是超外差接收机的核心，它将接收到的不同载波变为中频波，这就是超外差作用。

1.2 通信系统的信号

1.2.1 无线电波的频段划分

无线电波属于电磁波，具有一定的频率或波长。电磁波的波谱很宽，如图 1-5 所示。

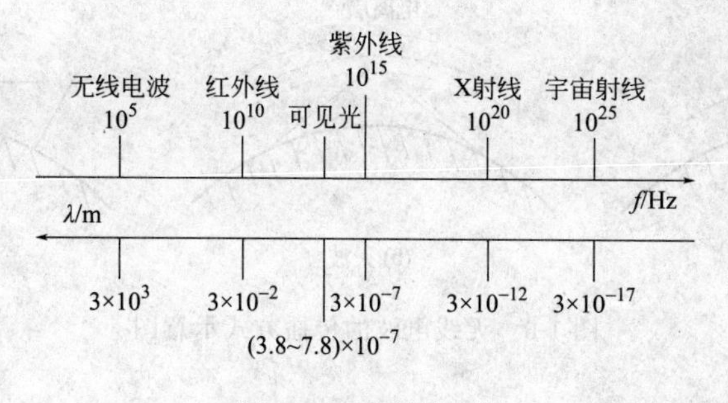

图 1-5 电磁波波谱

无线电波的频率范围很宽，习惯上将无线电波的频率范围划分为若干个区域，称为频段或波段，如表 1-1 所示。

表 1-1 无线电波的波段划分

波段名称	波长范围	频率范围	频段名称	主要传播方式和用途
超长波	$10^8\sim10^4$m	3Hz～30kHz	VLF（甚低频）	音频、电话、数据终端
长波	$10^4\sim10^3$m	30～300kHz	LF（低频）	地波；导航、信标、电力线通信
中波	$10^3\sim10^2$m	300kHz～3MHz	MF（中频）	地波、天波；AM广播、业余无线电
短波	$10^2\sim$10m	3～30MHz	HF（高频）	地波、天波；移动电话、短波广播、业余无线电
米波（超短波）	10～1m	30～300MHz	VHF（甚高频）	直线传播、对流层散射；FM广播、TV、导航移动通信
分米波	100～10cm	300MHz～3GHz	UHF（超高频）	直线传播、散射传播；TV、遥控遥测、雷达、移动通信
厘米波	10～1cm	3～30GHz	SHF（特高频）	直线传播；微波通信、卫星通信、雷达
毫米波	10～1mm	30～300GHz	EHF（极高频）	直线传播；微波通信、雷达、射电天文学

“高频”是一个相对的概念，上表中的“高频”是一个狭义的概念，指的是短波波段，其频率范围为 3～30MHz，而广义的“高频”指的是射频，指适合无线电发射和传播的频率，其频率范围非常宽，只要电路尺寸比工作波长小得多，都可以认为属于“高频”。

1.2.2 无线电波的传播方式

无线电波的传播方式主要有地波传播、天波传播、直线波传播等，如图 1-6 所示。

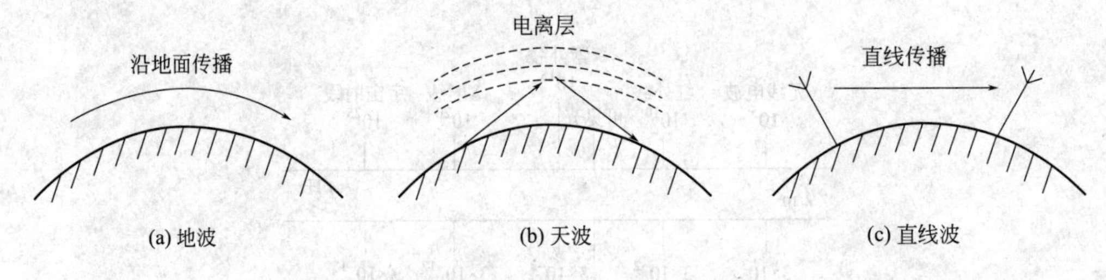

图 1-6 无线电波的传播方式示意图

地波传播属于绕射传播，由于大地不是理想导体，因此地波传播时有一部分能量被损耗掉，损耗随着波长缩短而加重，因此频率较高的电磁波不宜采用地波传播。

靠天空中电离层的折射和反射传播的电磁波称为天波。在距离地面 50km 以上的大气层中，太阳辐射强烈，空气产生电离，形成电离层。电磁波到达电离层后，一部分能量被吸收，一部分能量被反射到地面。频率越高，被吸收的能量越小，电磁波穿入电离层也越深，因此高频信号适于用天波传播。但当频率超过一定值后，电磁波就会穿透电离层传播到宇宙空间而不再返回地面，只能采用直线波形式。

电波从发射天线发出，沿直线传播到接收天线，这样传播的电磁波又称直线波。通常频率在 30MHz 以上的电磁波适合直射传播。

1.2.3 通信电子线路中的信号表示方法

通信电子线路中要处理的无线电信号主要有三种：基带信号、载波信号和已调信号。基带信号直接反映待传播的原始信息，它是低频信号，不能直接发射，需经调制成为已调波信号，才能进行无线传播。调制时运载基带信号的工具即高频载波信号。

通信电子线路要处理的信号常采用数学表达式、时域波形和频谱来表示。

1.2.3.1 数学表达式

数学表达式一般适于表达较简单的信号。

例如单频调制普通调幅波信号的数学表达式为

$$u_{AM}(t)=U_{cm}(1+m_a\cos\Omega t)\cos\omega_c t$$
$$=U_{cm}\cos\omega_c t+\frac{1}{2}m_aU_{cm}\cos[(\omega_c+\Omega)t]+\frac{1}{2}m_aU_{cm}\cos[(\omega_c-\Omega)t]$$

1.2.3.2 时域波形

时域波形一般适于表达较简单的信号。例如，单频调制普通调幅波信号的时域波形如图 1-7（a）所示。

1.2.3.3 频谱

对于较复杂的信号，如语音信号、图像信号，由于其复杂性、随机性，很难用表达

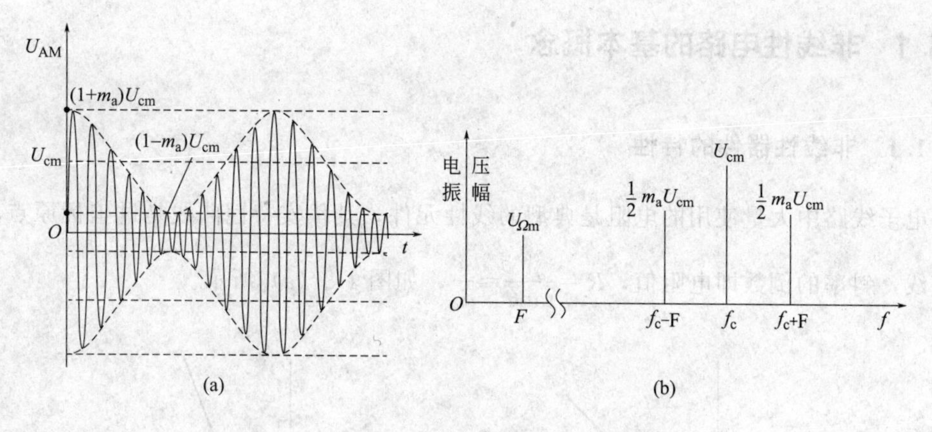

图 1-7　AM 已调波信号的波形及频谱图

式和波形来表示，此时常用频谱法来表示。一个确定的信号可以看成是由许多不同频率、不同幅度的单一正弦信号组成；周期性的信号用傅里叶级数可以分解成许多离散的频率分量；非周期信号用傅里叶变换可以分解为连续谱，信号为连续谱的积分。通过对信号的频谱进行分析可以知道信号的特性：信号的频率分布、带宽等。

频谱图中用频率 f 作横坐标，用正弦分量的相对振幅作纵坐标。如单频调制普通调幅波信号的频谱如图 1-7（b）所示。

1.3　非线性电路分析基础

常用的无线电元件有三类：线性元件、非线性元件和时变参量元件。线性元件的主要特点是元件参数与通过元件的电流或施于其上的电压无关。例如，常用的电阻、电容和空气心电感都是线性元件。非线性元件则不同，它的参数与通过它的电流或施于其上的电压有关。例如通过二极管的电流大小不同，二极管的内阻值不同；晶体管的放大系数与工作点有关；带磁心的电感线圈的电感量随通过线圈的电流而变化。

严格地说，一切实际的元件都是非线性的，但在一定的条件下，元件的非线性可以忽略不计，可将该元件近似地看成是线性元件。

由线性元件组成的电路叫作线性电路。例如谐振电路、滤波器。低频和高频小信号放大器中应用的晶体管，在选择合适的工作点且信号很小的情况下，其非线性不占主导地位，可近似看成线性元件，非线性电路必定含有一个或多个非线性元件（晶体管或场效应管等），而且所用的电子器件都工作在非线性状态。例如功率放大器、正弦波振荡器、调制解调器都是非线性电路。

1.3.1 非线性电路的基本概念

1.3.1.1 非线性器件的特性

电子线路中大量使用的电阻是典型的线性元件，其伏安特性曲线是过坐标原点的一条直线，斜率的倒数即电阻值，$R=\dfrac{1}{\tan\alpha}=\dfrac{u}{i}$，如图 1-8（a）所示。

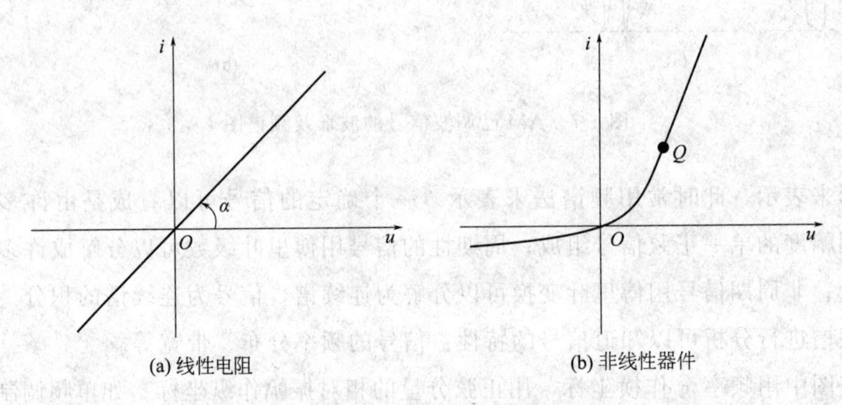

图 1-8 线性电阻与非线性器件伏安特性

非线性器件如二极管的伏安特性不是直线，通过器件的电流与加在其上的电压不成正比，即二极管具有动态电阻，电阻值随外加电压、电流的不同而不同，如图 1-8（b）所示。如果工作点恰当、外加信号又足够小时，在直流工作点处可将非线性器件视为线性处理，这正是模拟电子的分析基础。

1.3.1.2 非线性器件的频率变换作用

当某频率正弦电压信号 $u(t)=U_{\rm m}\sin\omega t$ 作用于非线性器件时，我们用图解法可求出通过该器件的电流 $i(t)$ 波形如图 1-9（c）所示。

也可使用解析法，假设该非线性器件具有（1-1）式的伏安特性

$$i(t)=ku^2(t) \tag{1-1}$$

将信号 $u_1(t)=U_{\rm 1m}\sin\omega_1 t$ 和 $u_2(t)=U_{\rm 2m}\sin\omega_2 t$ 同时加在该元件上时，即 $u(t)=u_1(t)+u_2(t)=U_{\rm 1m}\sin\omega_1 t+U_{\rm 2m}\sin\omega_2 t$，代入（1-1）式，并用傅里叶级数展开得

$$\begin{aligned} i(t)&=kU_{\rm 1m}^2\sin^2\omega_1 t+kU_{\rm 2m}^2\sin^2\omega_2 t+2kU_{\rm 1m}U_{\rm 2m}\sin\omega_1 t\sin\omega_2 t \\ &=\frac{k}{2}(U_{\rm 1m}^2+U_{\rm 2m}^2)-kU_{\rm 1m}U_{\rm 2m}\cos(\omega_1+\omega_2)t+kU_{\rm 1m}U_{\rm 2m}\cos(\omega_1-\omega_2)t \\ &\quad -\frac{k}{2}U_{\rm 1m}^2\cos2\omega_1 t-\frac{k}{2}U_{\rm 2m}^2\cos2\omega_2 t \end{aligned} \tag{1-2}$$

式（1-2）表明，输出电流中除直流分量$\dfrac{k}{2}$（$U_{\rm 1m}^2+U_{\rm 2m}^2$）外，还产生了输入电压频

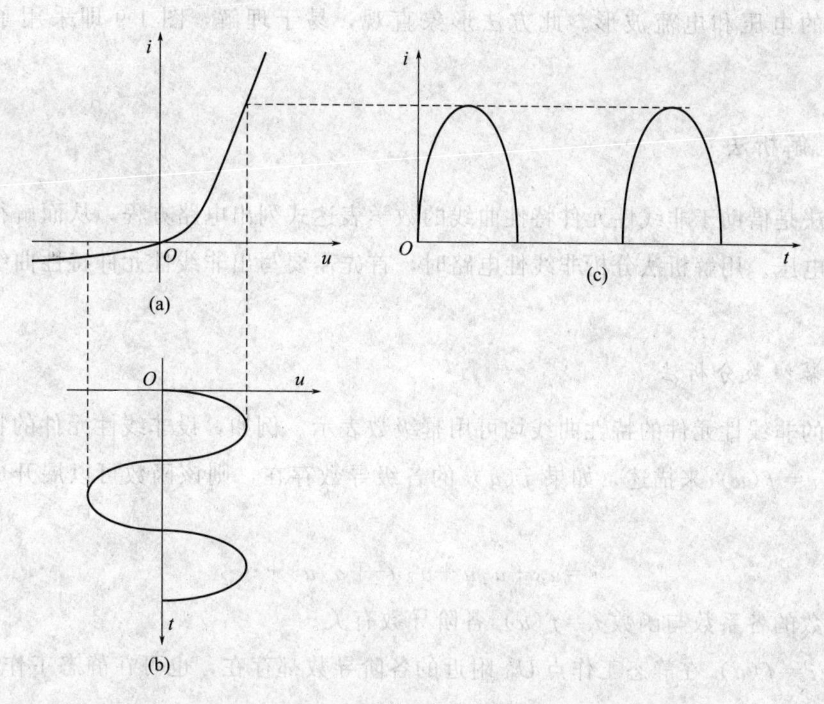

图 1-9　正弦电压作用下非线性器件产生非正弦周期电流信号

率的二次谐波分量 $2\omega_1$、$2\omega_2$，及 ω_1、ω_2 组成的和频 $\omega_1+\omega_2$、差频 $\omega_1-\omega_2$。这些分量都是输入信号所没有的。因此说非线性器件具有频率变换作用。

1.3.2　非线性电路的特点

非线性电路具有以下特点：

① 非线性电路具有频率变换作用；

② 非线性电路不能应用叠加原理；

③ 当作用信号足够小，工作点恰当时，非线性电路可近似为线性电路。

1.3.3　非线性器件的分析方法

与线性电路相比，非线性电路的分析与计算复杂得多。线性电路指标可以定量计算出来，而非线性电路的信号幅度大，元器件呈非线性状态，分析方法与线性电路的分析方法有很大的不同。在无线电工程技术中，分析非线性电路常采用一些近似方法。这些方法中大致分为图解法和解析法。

1.3.3.1　图解法

所谓图解方法，是根据非线性元件的特性曲线和输入信号的波形，通过作图直接求出电路中的电压和电流波形。此方法形象直观，易于理解，图 1-9 即采用了图解分析法。

1.3.3.2 解析法

解析法是借助于非线性元件特性曲线的数学表达式列出电路方程，从而解得电路中的电流和电压。用解析法分析非线性电路时，首先需要写出非线性元件特性曲线的数学表达式。

(1) 幂级数分析法

常用的非线性元件的特性曲线均可用幂级数表示。例如，设非线性元件的特性用非线性函数 $i=f(u)$ 来描述，如果 $f(u)$ 的各级导数存在，则该函数可以展开成以下幂级数：

$$i=a_0+a_1u+a_2u^2+a_3u^3+\cdots \tag{1-3}$$

该级数的各系数与函数 $i=f(u)$ 各阶导数有关。

函数 $i=f(u)$ 在静态工作点 U_0 附近的各阶导数都存在，也可在静态工作点 U_0 附近展开为幂级数。这样得到的幂级数即泰勒级数。

$$i=b_0+b_1(u-U_0)+b_2(u-U_0)^2+b_3(u-U_0)^3+\cdots \tag{1-4}$$

该级数的各系数分别由下式确定，即

$$b_0=f(U_0)=I_0$$

$$b_1=\left.\frac{\mathrm{d}i}{\mathrm{d}u}\right|_{u=U_0}=g$$

$$b_2=\left.\frac{1}{2}\frac{D^2i}{Du^2}\right|_{u=U_0}$$

$$b_3=\left.\frac{1}{3!}\frac{\mathrm{d}^3i}{\mathrm{d}u^3}\right|_{u=U_0}$$

$$\vdots$$

$$b_n=\left.\frac{1}{n!}\frac{\mathrm{d}^ni}{\mathrm{d}u^n}\right|_{u=U_0}$$

式中，$b_0=I_0$，是静态工作点电流；$b_1=g$，是静态工作点处的电导，即动态电阻 r 的倒数。

如果直接使用式 (1-4) 所表示的幂级数，级数的项数取得太多给计算带来很大麻烦，实际应用中常常只取级数的若干项就足够了。

若作用于非线性元件上的信号电压只工作于特性曲线的起始弯曲部分（图 1-10 中的 OB 段），此时静态工作点设为 Q_2。这种情况需取用级数的前三项。即用下列二次多项式来表示。

$$i=b_0+b_1(u-U_0)+b_2(u-U_0)^2 \tag{1-5}$$

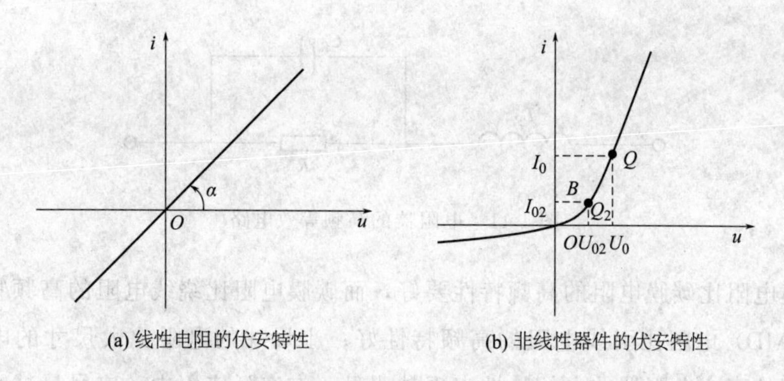

(a) 线性电阻的伏安特性　　　(b) 非线性器件的伏安特性

图 1-10　线性电阻与非线性器件伏安特性

式中，$b_0=I_{02}$是 Q_2 点的电流，$U_0=U_{02}$是 Q_2 点的电压。

（2）折线分析法

当输入信号足够大时，若用幂级数分析法，势必取很多级数项，分析计算变得很复杂。这时可选折线分析法，将非线性元器件的实际特性曲线根据需要用若干直线段来近似。如功率放大器和检波器的分析均采用折线法。

（3）开关函数分析法

在某些情况下，非线性元器件受大信号的控制，在导通和截止状态之间变换，这时适用开关函数分析，如斩波电路的分析。

1.4　通信电子线路中的元器件

1.4.1　高频无源器件

1.4.1.1　高频电阻

对于实际的电阻器，在低频使用时主要表现为电阻特性，但在高频使用时不仅表现出电阻特性，而且还表现出电抗特性，它反映的就是电阻器的高频特性。

电阻器的高频等效电路如图 1-11 所示，其中 C_R 为电阻器分布电容，L_R 为电阻器引线电感，R 为电阻。在低频时，由于信号频率比较低，分布电容和引线电感的作用都可忽略，电阻器为纯电阻，但在高频时，由于分布电容和引线电感的作用增大，不能再忽略，所以，电阻器在高频时不仅表现出电阻特性，而且还表现出电抗特性。分布电容和引线电感越小，电阻器越接近纯电阻特性，其高频特性越好。

电阻器高频特性的好坏与电阻器的材料、封装形式及尺寸大小有密切关系。一般来

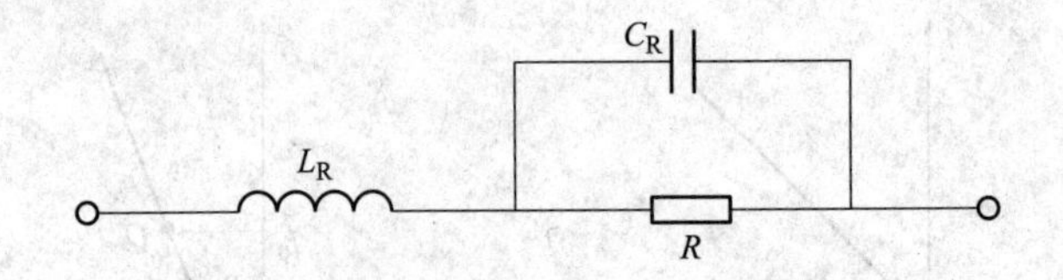

图 1-11　电阻器的高频等效电路

说，金属膜电阻比碳膜电阻的高频特性要好，而碳膜电阻比绕线电阻的高频特性好；表面贴装（SMD）电阻比引线电阻的高频特性好；小尺寸的电阻比大尺寸的电阻高频特性好。频率越高，电阻器的电抗特性表现越明显。在实际应用中，应尽量减小电阻器电抗特性的影响。

1.4.1.2　高频电容

由介质隔开的两导体可构成电容器，在电子线路中通常起滤波、旁路、耦合、去耦及转相等电气作用，是电子线路中必不可少的组成部分。

一个理想电容器的容抗为$\frac{1}{\mathrm{j}\omega C}$。一个实际电容器的高频等效电路如图 1-12 所示，其中电阻 R_C 表示极板间绝缘电阻，它是由于两极板间绝缘介质的非理想所致，L_C 为引线电感。在低频时，极板间绝缘电阻 R_C 可视为开路，引线电感 L_C 可视为短路，但在高频时，它们的影响不能再忽略。一个实际的电容容抗与频率的关系如图 1-12（b）所示，理想状态时关系如图中虚线所示，其中 f 为工作频率，$\omega=2\pi f$。

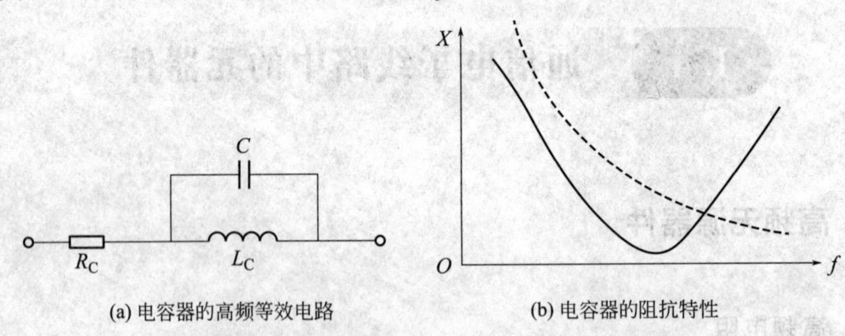

(a) 电容器的高频等效电路　　(b) 电容器的阻抗特性

图 1-12　电容器的高频等效电路及阻抗特性

1.4.1.3　高频电感

在通信电子线路中，电感器一般与电容器构成 LC 谐振回路，起调谐、选频和滤波作用，也可以用于开关电源或升压电路中，起储能作用（称为高频扼流圈）。

理想电感器 L 的感抗为 $\mathrm{j}\omega L$。实际的高频电感器除表现为电感的特性外，还具有一定的损耗电阻 r 和分布电容。电感器的高频等效电路如图 1-13 所示。在分析一般的长、中、短波频段时，通常可忽略分布电容的影响。若频率很高，电感线圈内匝与匝之间及

各匝与地之间的分布电容的作用就十分明显。

图 1-13 电感器的高频等效电路

1.4.1.4 传输线

通信电路中的传输线，泛指传输电信号的导线。它可以是对称的平行导线，或是扭在一起的双绞线，也可以是同轴电缆。

当在一对导线上施加电压时，导线中有电流通过，则一对导线间会产生电场而存储电能，导线的周围产生磁场而存储磁能。从这个意义上理解，一对导线既呈现电容性质，又呈现电感性质。电流流经导线时发热消耗能量，使得导线呈现串联电阻特性。两根导线之间有漏电时，则相当于一个并联电导，故均匀传输线的高频等效电路如图 1-14 所示。

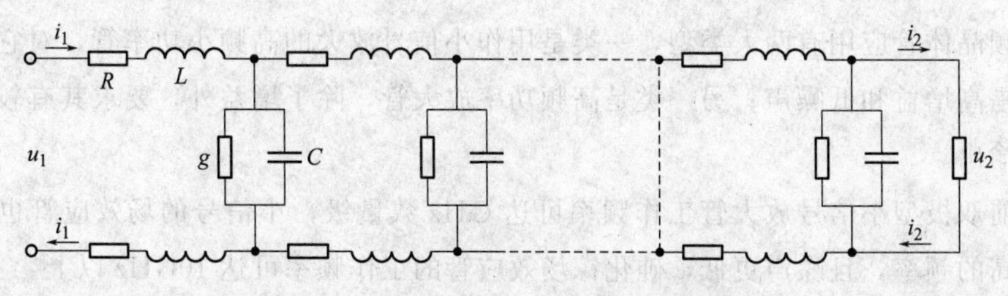

图 1-14 均匀传输线的高频等效电路

图中用 R 和 L 代表导线单位长度的电阻和电感，用 g 和 C 代表其单位长度的漏电导和电容。因为传输线的参数是均匀得沿其长度方向上分布的，故称为分布参数电路。在不同工作频率下，电感、电容、串联电阻和并联电阻四个等效参数中，某些参数在电路中所起的作用相对来说很小，可忽略不计，只考虑四个等效参数中主要参数的作用。

1.4.2 高频有源器件

高频有源元器件主要有警惕二极管、晶体三极管、场效应管和集成电路。从原理上看，用于高频电路的有源器件和用于低频或其他电子线路的有源器件没有根本不同，只是由于工作在高频范围，对器件的某些性能要求更高。随着半导体和集成电路技术的高速发展，能满足高频应用要求的有源器件越来越多，也出现了一些专用的半导体器件。

1.4.2.1 晶体二极管

通信电子线路中二极管主要有非线性变换二极管、变容二极管、PIN 管等。

非线性变换二极管主要用于调制、检波（解调）及混频等电路中，一般工作于低电平。它们的极间（结）电容小，工作频率高，常用点接触型二极管（如 2AP 系列，工作频率可到 100～200MHz）和表面势垒二极管（又称为肖特基二极管，工作频率可高至微波范围）。

变容二极管（2CC 系列）常用于直接调频电路、电子调谐电路、压控振荡器，如电视接收机的高频头。它除了具有基本的二极管特性外，主要特点是变容二极管的电容大小随其两端所加的偏置电压变化，变容二极管工作于反偏状态，基本上不消耗能量，噪声小，效率高。

PIN 二极管是由 P 型、N 型和本征（I 型）半导体构成的，它具有较强的正向电荷存储能力，其高频等效电阻受正方向直流电流的控制，常用作可调电阻，在高频及微波电路中还可用做电控开关、限幅器、电调衰减器或电调移相器等。

1. 4. 2. 2　晶体三极管

在高频电子线路中仍然使用双极晶体管和场效应管，只是在高频应用时要求更高，晶体管的外形结构与低频管也有所不同。

高频晶体管应用有两大类型，一类是用作小信号放大的高频小功率管，对它们的主要要求是高增益和低噪声；另一类是高频功率放大管，除了增益外，要求其有较大的高频功率输出。

目前双极型小信号放大管工作频率可达 GHz 数量级，小信号的场效应管也能工作在同样高的频率，且噪声更低，砷化镓场效应管的工作频率可达 10GHz 以上。

双极型晶体管的输出功率可达 10～1000W。MOS 场效应管在几千 MHz 频率上还能输出几瓦的功率。

1. 4. 2. 3　集成电路

用于高频的集成电路的类型和品种比用于低频的集成电路少得多，主要分为通用型和专用型两种。目前通用型的宽带集成放大器工作频率高达 200MHz，增益可达 60dB。高频专用集成电路包括集成锁相环、集成调频信号解调器、单片集成接收芯片及电视机专用集成电路等。

通信系统包括输入发送设备、传输信道、接收设备等几部分。信道若为电缆则称为有线通信，信道若为自由空间则称为无线通信。无线通信必须用高频。无线电广播发射系统由高频振荡器、倍频器、调制器、话筒、音频放大和功率放大组成。典型的无线电接收系统由高放、混频器、本地振荡、中放、检波、低放、功放等组成。

无线电波可划分为不同的频段。无线电波在空间传播的方式可分为绕射、反射、直

线传播。

通信电子线路中处理的信号包括基带信号、载波信号和已调波信号。可以用数学表达式、波形及频谱表示。频谱是分析通信电子线路的重要工具，可以清楚地表达各信号经电路处理前后的频率分量变化。

非线性电路具有频率变换作用。在电路的输出端产生了输入信号中没有的频率分量。非线性电路的常用分析方法有幂级数分析法、折线分析法、开关函数分析、图解法等。

思考与练习

1. 为什么无线电传播要用高频？无线电通信中为什么要采用调制技术？

2. 简述无线通信系统中发送和接收设备的作用。

3. 无线电波的传播方式有哪三种？

4. 什么叫调幅？其作用是什么？

5. 调幅接收系统为什么要“检波”？检波前后的波形有何变化？粗略画出检波前后的波形。

6. 超外差式接收机的混频作用是什么？若接收信号载频为 1000MHz，中频为 80MHz，画出方框图并标明有关频率。

7. 晶体二极管、晶体三极管的伏安特性曲线是线性的还是非线性的？在什么条件下它们能视为线性？

8. 某非线性器件可用幂级数表示为 $i(t)=k_0+k_1u+k_2u^2$，信号是频率为 150kHz 和 200kHz 的两个余弦信号，问电流 $i(t)$ 中能否出现 50kHz、100kHz、250kHz、300kHz、350kHz 的频率分量？为什么？

第2章 高频小信号放大器

无线电收发端普遍采用高频放大电路，将微弱信号的高频信号进行放大。在无线电通信中，通信信道多，工作频率高（中心频率在几百千赫到几百兆赫），同一通信频段内，存在许多被传送的无线电信号及噪声，高频放大器具有从微弱信号中选择有用信号、又对信号进行放大处理的能力。高频小信号放大器主要由两部分组成：一是放大器件，二是选频网络。

放大器件主要分为晶体管放大器、场效应管放大器、集成电路放大器，由于高频放大器的输入信号一般在微伏～毫伏数量级附近，高频小信号放大器工作在电子元器件的线性范围内。

选频网络具有选择有用频率信号的作用。谐振放大器是采用谐振回路（串并联及耦合回路）作负载的放大器，是较简单的选频网络。集中选频滤波器应用广泛。

2.1 选频网络

2.1.1 并联谐振回路

谐振回路由电感线圈和电容器组成。主要作用一是选频、滤波，二是进行阻抗变换。谐振回路按其与信号源的连接方式不同，可分为串联谐振回路和并联谐振回路两种类型。在选频放大电路中，并联谐振回路应用广泛。

2.1.1.1 LC并联谐振回路的选频特性

并联谐振回路如图2-1（a）所示，由于电容的损耗很小，可以认为损耗电阻 R 集中在电感支路，其等效电路如图2-1（b）所示。

（1）回路阻抗

图2-1（a）并联谐振回路的阻抗为

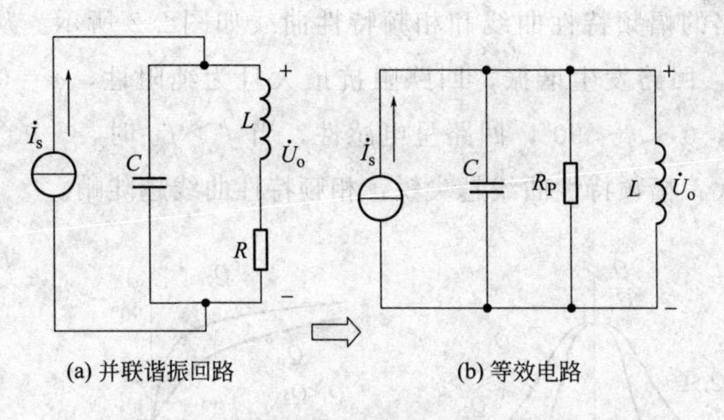

图 2-1 并联谐振回路及其等效电路

$$\dot{Z}=\frac{1}{\mathrm{j}\omega C}/\!/(R+\mathrm{j}\omega L)=\frac{(R+\mathrm{j}\omega L)\cdot\frac{1}{\mathrm{j}\omega C}}{R+\mathrm{j}\omega L+\frac{1}{\mathrm{j}\omega C}} \tag{2-1}$$

实际应用中，电感的损耗电阻 R 远小于 ωL，因此有

$$\dot{Z}\approx\frac{\frac{L}{C}}{R+\mathrm{j}\left(\omega L-\frac{1}{\omega C}\right)} \tag{2-2}$$

当信号的频率满足 $\omega L-\frac{1}{\omega C}=0$ 时，LC 并联回路产生谐振，谐振回路的谐振频率为

$$\omega_0=\frac{1}{\sqrt{LC}} \quad 或 \quad f_0=\frac{1}{2\pi\sqrt{LC}} \tag{2-3}$$

谐振时回路的等效阻抗为纯阻性，并且等效阻抗为最大值，此时回路两端输出电压也最大，说明此时回路有选频、滤波的作用。

回路阻抗

$$Z=R_P=\frac{L}{RC}=\frac{(\omega_0 L)^2}{R} \tag{2-4}$$

为了评价谐振回路的损耗大小，常引入品质因数 Q，它定义为回路谐振时的特性阻抗（感抗或容抗）与回路等效损耗电阻 R 之比，即

$$Q=\frac{\omega_0 L}{R}=\frac{\frac{1}{\omega_0 C}}{R}=\frac{R_P}{\omega_0 L}=\frac{1}{R}\sqrt{\frac{L}{C}} \tag{2-5}$$

式中，R 为回路中串接在电感支路的损耗电阻。R_P 作为并联谐振回路的谐振电阻。将式（2-5）代入式（2-4），则有

$$Z=R_P=Q\sqrt{\frac{L}{C}} \tag{2-6}$$

LC 并联谐振回路的 Q 值在几十到几百范围内，Q 值越大，元件与回路的损耗就越小，该元器件所组成的电路或谐振回路的频率选择性（称为选频特性）越好。

并联谐振回路的幅频特性曲线和相频特性曲线如图 2-2 所示。从特性曲线可以看出，当 $f=f_0$ 时，回路发生谐振，回路阻抗最大且为纯阻性，$\varphi=0°$；失谐时阻抗变小，当 $f<f_0$ 时，$0°<\varphi<90°$，回路呈电感性，当 $f>f_0$ 时，$-90°<\varphi<0°$，回路呈电容性。Q 值越大，幅频特性曲线越尖锐，相频特性曲线越陡峭。

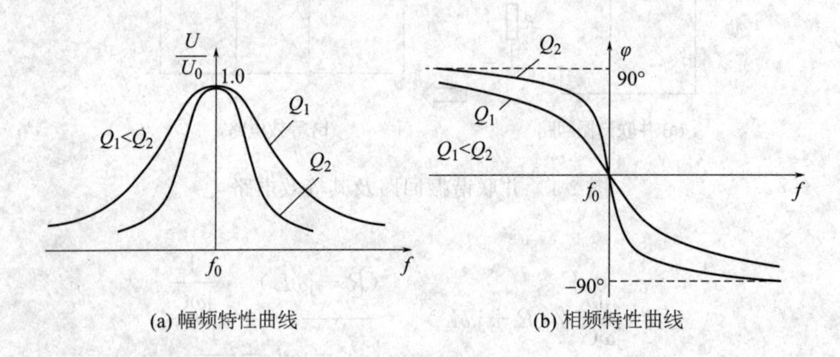

图 2-2　并联谐振回路的谐振曲线

(2) 通频带

通频带定义为并联回路电压增益下降到谐振电压增益的 0.707$\left(即\dfrac{1}{\sqrt{2}}\right)$倍时所对应的频率范围，也称为 3dB 带宽，表示为 $BW_{0.7}$。数学表达式为

$$BW_{0.7}=\frac{f_0}{Q} \tag{2-7}$$

回路的 Q 值与通频带成反比，Q 值越高，通频带越窄。

(3) 选择性

谐振回路的选择性是指回路从含有不同频率的信号（比如，天线接收到的信号）中选出有用信号、排除干扰信号的能力。对于同一回路，提高通频带和改善选择性是互为矛盾的，Q 值越高，选择性越好，但是通频带越窄。因此为了保证较宽的通频带就得降低选择性的要求，反之亦然。

① 矩形系数 $k_{0.1}$。理想的小信号谐振放大器的谐振曲线为矩形（见图 2-3），对通频带内的各信号有同等的放大能力，而对通频带外的各频率信号则完全抑制。但实际的曲线形状往往与矩形有较大差异，如图 2-3 所示，为评定实际曲线的形状接近理想曲线的程度，即对邻道干扰的抑制能力，引入“矩形系数”的概念，符号为 $k_{0.1}$，数学表达式为

$$k_{0.1}=\frac{BW_{0.1}}{BW_{0.7}} \tag{2-8}$$

式中，$BW_{0.1}$是相对电压增益值下降到 0.1 时的频带宽度。$k_{0.1}$越接近于 1，选择性越好，抑制干扰的能力越强。

② 抑制比 d。谐振增益 A_{u0} 与通频带以外某频率上的电压增益 A_u 的比称为抑制比，它表示对某个干扰信号的抑制能力，其值可用分贝（dB）表示

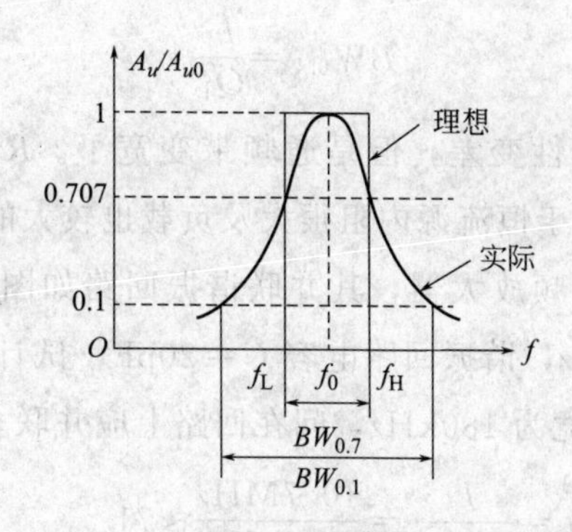

图 2-3　高频小信号放大器的通频带

$$d=20\lg\frac{A_{u0}}{A_u}(\mathrm{dB}) \tag{2-9}$$

抑制比 d 值越大，放大器的选择性越好。

放大器的各个指标相互之间既有联系又有矛盾。增益和通频带是一对矛盾；增益和稳定性是一对矛盾；通频带和选择性是一对矛盾。因此，应根据要求决定主次，进行分析和讨论。

2.1.1.2　信号源内阻和负载电阻对并联谐振回路的影响

实际应用中，谐振回路前面会连接有信号源，后面会连接负载，信号源的输出阻抗和负载电阻 R_L 都会对谐振回路产生影响，因此设计谐振回路时，需要将信号源和负载的因素考虑进去。

连接了信号源和负载之后的并联谐振回路如图 2-4 所示。图中 R_S 为信号源内阻，R_L 为负载阻抗，R_P 为并联谐振回路损耗电阻。

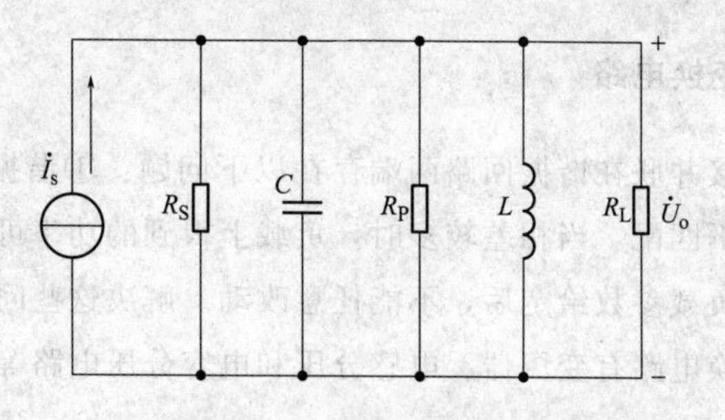

图 2-4　实用并联谐振回路

带载后的回路品质　$$Q_L=\frac{R_P/\!/R_S/\!/R_L}{\omega_0 L}=\frac{R_\Sigma}{\omega_0 L} \tag{2-10}$$

式中，$R_\Sigma=R_P/\!/R_S/\!/R_L$，为考虑信号源内阻 R_S 和 负载 R_L 影响后的并联谐振回路的等效谐振阻抗。很显然，带载后的回路品质因数 Q_L 小于空载时的回路品质因数 Q。

$$BW_{0.7}=\frac{f_0}{Q_L} \tag{2-11}$$

显然，带载后电路选择性变差，但是通频带变宽了。R_S 和 R_L 较大时，Q_L 也较大，因此并联谐振回路适合于恒流源内阻很大及负载也较大的情况。

【例 2-1】某收音机的中频放大器，其并联谐振回路如图 2-4 示，中心频率为 $f_0=10.7\text{MHz}$，$BW_{0.7}=150\text{kHz}$，谐振回路电容 $C=20\text{pF}$，试计算谐振回路有载品质因数 Q_L 值。若将回路通频带展宽为 180kHz，问在回路上应并联多大的电阻才能满足要求？

解：由式（2-20）得 $Q_L=\dfrac{f_0}{BW_{0.7}}=\dfrac{10.7\text{MHz}}{150\text{kHz}}\approx71$

由式（2-11）$f_0=\dfrac{1}{2\pi\sqrt{LC}}$得

$$L=\frac{1}{(2\pi f_0)^2C}=\frac{1}{(2\pi\times10.7\times10^6)^2\times20\times10^{-12}}\approx0.11\mu\text{H}$$

由式（2-19）得

$$R_\Sigma=Q_L\omega_0L=71\times2\pi\times10.7\times10^6\times0.11\times10^{-6}\approx525\Omega$$

R_Σ 并上电阻 R 后，有载品质因数由 Q_L 变为 Q_L'

由题意及（2-20）式得

$$\frac{Q_L'}{Q_L}=\frac{BW_{0.7}}{BW_{0.7}'}=\frac{150}{180}=\frac{5}{6}$$

由（2-19）式还可得

$$\frac{R_\Sigma /\!/ R}{R_\Sigma}=\frac{Q_L'}{Q_L}$$

从而得出

$$R\approx2.63\text{k}\Omega$$

2.1.1.3 常用阻抗变换电路

信号源和负载直接并联在谐振回路两端存在以下问题：①谐振回路 Q 值大大下降；②信号源与负载常常不匹配，当相差较多时，负载上得到的功率可能很小；③在实际应用中，信号源内阻、负载参数给定后，不能任意改动。解决这些问题可以采用阻抗变换电路。常用的阻抗变换电路有变压器、电感分压和电容分压电路等。

（1）变压器耦合电路的阻抗变换

图 2-5 所示为变压器耦合电路，图中负载以互感变压器形式接入谐振回路。设 N_1 为变压器原边线圈匝数，N_2 为副边线圈匝数，且变压器为无损耗的理想变压器，原、副边耦合很紧，损耗很小。

设变压器的匝数比 $n=\dfrac{N_1}{N_2}=\dfrac{\dot{U}_1}{\dot{U}_2}$

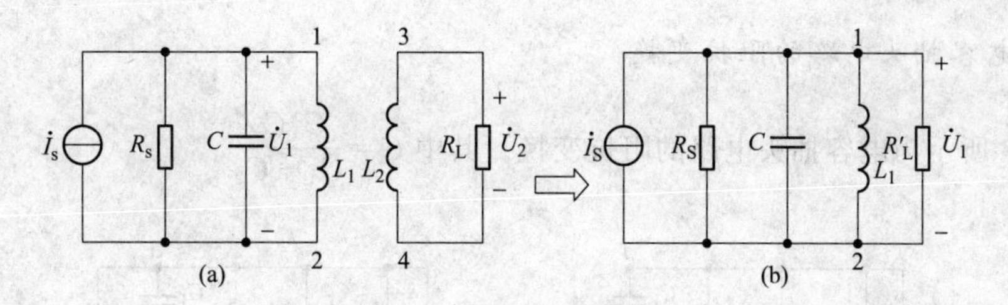

图 2-5　变压器耦合电路的阻抗变换

根据等效前后负载上得到功率应相等的原则，$P_1=P_2$，即$\frac{U_1^2}{R_L'}=\frac{U_2^2}{R_L}$，3、4 端的负载电阻 R_L 折算到 1、2 端的折算电阻 R_L'为

$$R_L'=\frac{U_1^2}{U_2^2}R_L=\left(\frac{N_1}{N_2}\right)^2R_L=\frac{R_L}{p^2} \tag{2-12}$$

式中，$p=\frac{N_2}{N_1}$，称为接入系数。

由变换后的等效电路可知，回路的等效谐振电阻为

$$R_\Sigma=R_P/\!/R_S/\!/R_L' \tag{2-13}$$

有载品质因数为

$$Q_L=\frac{R_P/\!/R_S/\!/R_L'}{\omega_0 L}=\frac{R_\Sigma}{\omega_0 L} \tag{2-14}$$

由式（2-12）可知，若选 $p<1$，则 $R_L'>R_L$，可见通过互感变压器接入法可提高回路 Q 值。

（2）电感分压式阻抗变换电路

图 2-6 所示为电感分压式阻抗变换电路，也称为自耦合变压器阻抗变换电路。图中负载以自耦合变压器形式接入谐振回路。电感线圈 1-3 端匝数为 N_1，抽头 2-3 端匝数为 N_2。

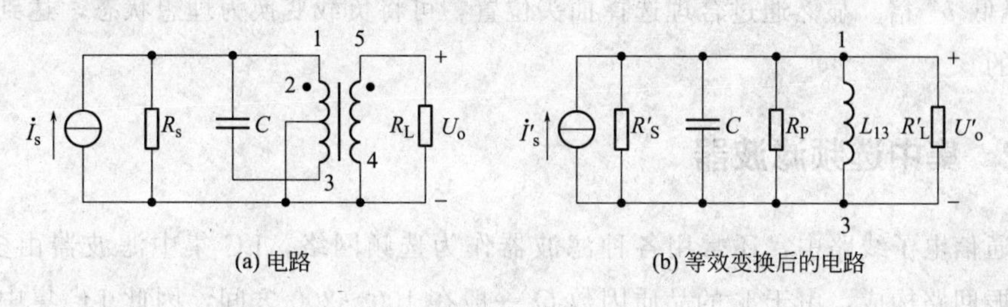

图 2-6　电感分压式阻抗变换电路

对于自耦合变压器来说，等效折算到 1-3 端的等效折算电阻 R_L'所得功率应等于原回路 2-3 端 R_L 得到的功率相等。

$$R_L'=\frac{U_1^2}{U_2^2}R_L=\left(\frac{N_1}{N_2}\right)^2R_L=\frac{R_L}{p^2} \tag{2-15}$$

由于 $p<1$，所以 $R_L'>R_L$，起到阻抗变换作用。

(3) 电容抽头电路的阻抗变换

图 2-7 所示为电容抽头电路的阻抗变换。其中 $C=\dfrac{C_1C_2}{C_1+C_2}$。

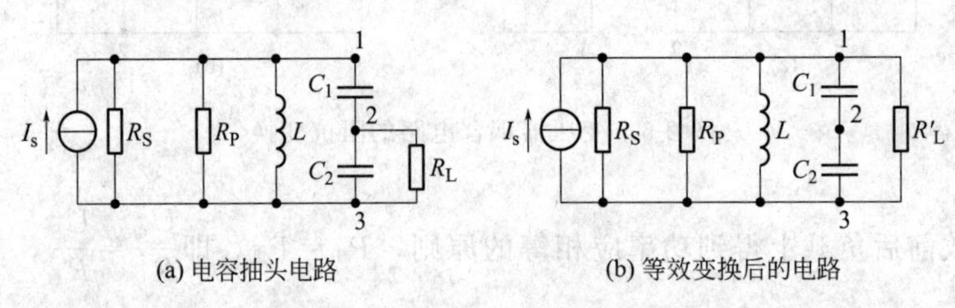

(a) 电容抽头电路　(b) 等效变换后的电路

图 2-7　电容抽头电路的阻抗变换

接入系数 $p=\dfrac{\dot{U}_2}{\dot{U}_1}=\dfrac{\dfrac{1}{\omega C_2}}{\dfrac{1}{\omega C}}=\dfrac{C}{C_2}=\dfrac{C_1}{C_1+C_2}$，由于 R_S 在变换前后功率不变，因此

$$R'_L=\frac{U_1^2R_L}{U_2^2}=\frac{1}{p^2}R_L \tag{2-16}$$

由图 2-7（b）可知，并联谐振回路谐振频率为

$$\omega_0=\frac{1}{\sqrt{LC}}$$

式中，

$$C=\frac{C_1C_2}{C_1+C_2} \tag{2-17}$$

上述三种回路接入方式不同，但共同特点是负载都不直接接入回路两端，只是与回路部分接入。接入系数 p 表示接入部分所占的比例，当 $p<1$ 时，采用部分接入方式，低抽头匝数电阻向高抽头匝数电阻折算时电阻 R'_L 将增大，p 越小，R_L 与回路接入部分越少，折算电阻 R'_L 越大，对回路影响越小。反之，由高抽头向低抽头折算时，等效阻抗 R'_L 降低 p^2 倍。显然通过合理选择抽头位置，可将负载变换为理想状态，达到阻抗变换的目的。

2.1.2　集中选频滤波器

在通信电子线路中，还常用各种滤波器作为选频网络。LC 集中滤波器由多节 LC 并联谐振回路构成，由于 L 的品质因数 Q 一般在 100～200 之间，因此 LC 集中滤波器的 Q 值也很难做高，其应用受到限制。集中选频滤波器的 Q 值通常很高，幅频特性接近理想矩形，因而得到了广泛的应用。常用的集中滤波器有石英晶体滤波器、陶瓷滤波器和声表面波滤波器等。这里简单介绍陶瓷滤波器和声表面波滤波器。

2.1.2.1　陶瓷滤波器

陶瓷滤波器是用锆钛酸铅等压电陶瓷材料制成的。陶瓷片的两面覆盖银层作电极，

经直流高压极化后就具有与石英晶体类似的压电效应。因此可以用它代替石英晶体作滤波器。陶瓷滤波器的等效品质因数 Q_L 为几百，比 LC 电路的高，但比石英晶体的低。通频带比石英晶体滤波器宽，选择性较石英晶体滤波差。

单片陶瓷滤波器的等效电路与石英晶体的相同。单片陶瓷滤波器如图 2-8 所示。

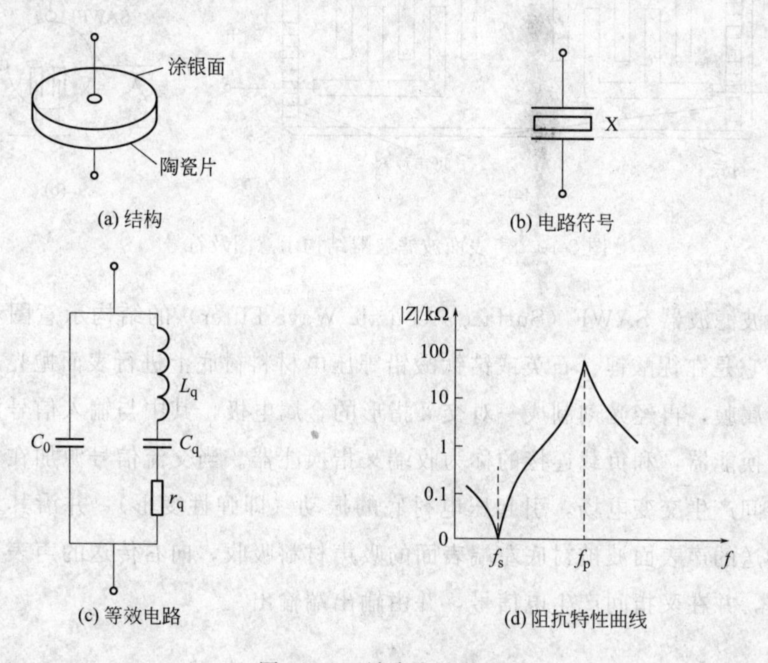

图 2-8　两端陶瓷滤波器

若将不同频率的陶瓷滤波器连成图 2-9 所示的形式，即为四端陶瓷滤波器，配置得当就可以获得接近理想的矩形幅频特性。一般说来，陶瓷片数越多，滤波器的性能越好。

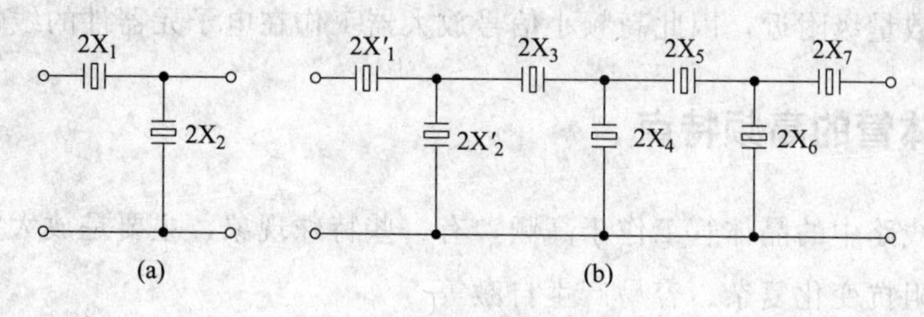

图 2-9　四端陶瓷滤波器

使用四端陶瓷滤波器时，应注意输入、输出阻抗必须与信号源、负载阻抗相匹配，否则其幅频特性将会变差。

2.1.2.2　声表面波滤波器

声表面波滤波器具有体积小、重量轻、中心频率高（10MHz～1GHz）、相对带宽较宽、选频特性接近理想的矩形、抗辐射能力强、温度稳定性好等特点，广泛应用于通信、电视、卫星设备中。

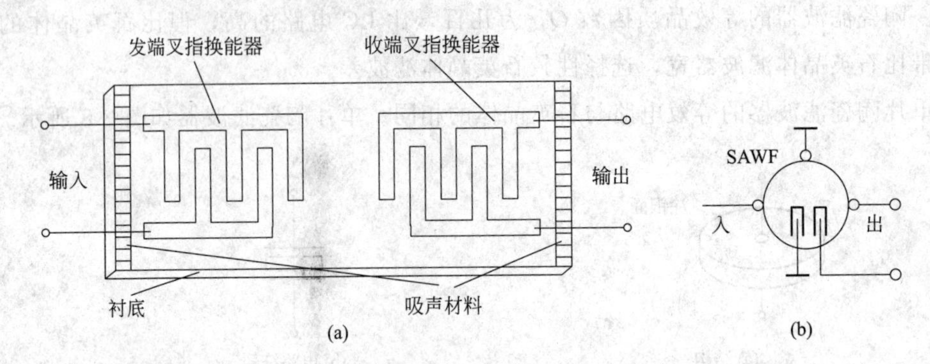

图 2-10　声表面波滤波器结构示意图及符号

声表面波滤波器 SAWF（Surface Acoustic Wave Filter）的结构示意图和符号如图 2-10 所示。它是在铌酸锂、石英或锆钛酸铅等压电材料衬底上进行表面抛光后用真空蒸镀法形成金属膜，再经光刻制成一对交叉指形的金属电极，其中与输入信号源连接的称为发端叉指换能器，和负载连接的称为收端叉指换能器。当交流信号源加在发端换能器上时，叉指间产生交变电场，引起压电衬底的振动（即弹性变形），并沿其表面产生声波。向左传送的声表面波被衬底左端表面的吸声材料吸收，向右传送的声表面波由收端换能器接收，并在叉指间产生电信号，并由输出端输出。

2.2　小信号谐振放大器

高频小信号放大器作用是放大通信信道中的高频小信号。由于高频放大器的输入信号一般在毫伏数量级附近，因此高频小信号放大器工作在电子元器件的线性范围内。

2.2.1　晶体管的高频特点

通信电子线路中的晶体管工作于高频，有一些特殊现象，主要是放大能力下降、管子的输入输出阻抗变化复杂、容易产生自激等。

2.2.1.1　晶体管高频参数

（1）截止频率 f_β

共射极电路的电流放大系数 β 随工作频率 f 的升高而下降，当 β 值下降到 β_0 的 $\frac{1}{\sqrt{2}}$ 时，对应的频率称为截止频率，用 f_β 表示，如图 2-11 所示。

由于 β_0 比 1 大得多，在频率为 f_β 时仍比 1 大得多，晶体管仍能起放大作用。

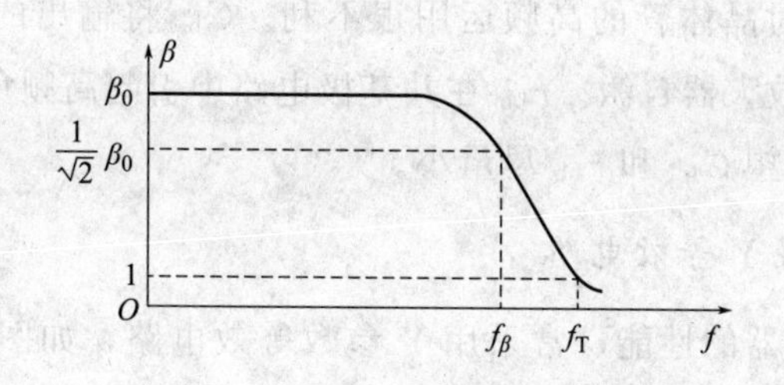

图 2-11　截止频率和特征频率

(2) 特征频率 f_T

当工作频率升高，使 $|\beta|$ 下降至 1 时，对应的频率值称为特征频率 f_T。

(3) 最高振荡频率 f_{max}

晶体管的功率增益为 1 时对应的工作频率称为最高振荡频率 f_{max}，它表示一个晶体管所能适用的最高极限频率。在此频率工作时晶体管已不能将功率放大。当 $f>f_{max}$ 时，无论如何都不能使晶体管产生振荡。

对于某一晶体管的上述三个频率参数之间的关系是：$f_{max}>f_T>f_\beta$。

2.2.1.2　晶体管的高频等效电路

(1) 晶体管高频混 π 等效电路

图 2-12 是晶体管在高频时的混 π 等效电路，每一元件与晶体管的内部发生的物理过程具有明显的关系。混 π 等效电路的优点是它是由物理模拟方法得到的物理等效电路，各个元器件在很宽的频率范围内保持常数。缺点是直接运用它分析放大器的性能时很不方便。

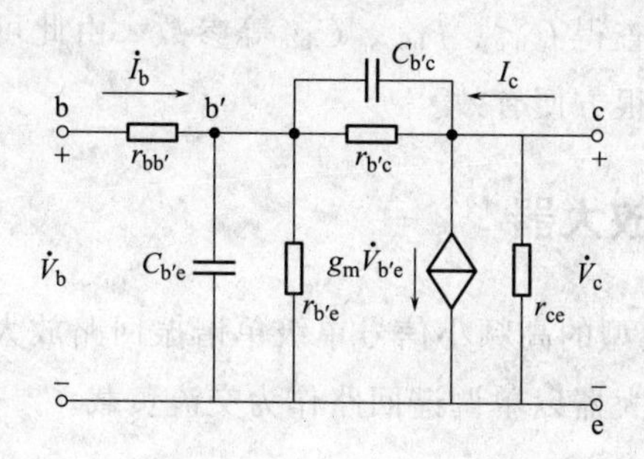

图 2-12　晶体三极管高频混 π 等效电路

图中 $r_{bb'}$ 是基极体电阻；$r_{b'e}$ 是发射结电阻（晶体管放大时，发射结正偏，$r_{b'e}=\beta_0\frac{26}{I_e}$）；$r_{b'c}$ 是集电结电阻（晶体管放大时，集电结反偏，$r_{b'c}$ 较大，常忽略）；r_{ce} 是集电结电阻（r_{ce} 较大，常忽略）；$C_{b'e}$ 是发射结电容，一般为 10～500pF；$C_{b'c}$ 是集电结电

容。$C_{b'c}$和$r_{bb'}$的存在对晶体管的高频运用很不利。$C_{b'c}$将输出的交流电压反馈到输出端（基极），可能引起放大器自激。$r_{bb'}$在共基极电路中引起高频负反馈，降低晶体管的电流放大系数。所以希望$C_{b'c}$和$r_{bb'}$尽量小。

（2）晶体管高频混Y等效电路

为了方便分析放大器的性能，常采用Y参数等效电路，如图2-13所示。Y参数与混π参数有对应关系，可以互相换算。

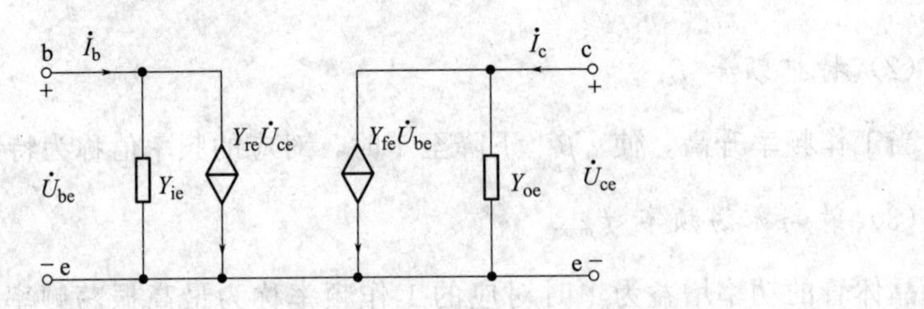

图2-13　晶体三极管高频等效电路

由图2-12用节点电流法可以得到共发射极晶体管Y参数等效电路的Y参数方程

$$\dot{I}_b = Y_{ie}\dot{U}_{be} + Y_{re}\dot{U}_{ce} \tag{2-18}$$

$$\dot{I}_c = Y_{fe}\dot{U}_{be} + Y_{oe}\dot{U}_{ce} \tag{2-19}$$

$$\left.\begin{aligned} Y_{ie} &= \left.\frac{\dot{I}_b}{\dot{U}_{be}}\right|_{\dot{U}_{ce}=0} \qquad Y_{fe} = \left.\frac{\dot{I}_c}{\dot{U}_{be}}\right|_{\dot{U}_{ce}=0} \\ Y_{re} &= \left.\frac{\dot{I}_b}{\dot{U}_{ce}}\right|_{\dot{U}_{be}=0} \qquad Y_{oe} = \left.\frac{\dot{I}_c}{\dot{U}_{ce}}\right|_{\dot{U}_{be}=0} \end{aligned}\right\} \tag{2-20}$$

式中，Y_{ie}、Y_{re}、Y_{fe}、Y_{oe}分别称为输入导纳、反向传输导纳、正向传输导纳和输出导纳。Y参数不仅与静态工作点有关，而且是工作频率的参数，若已知工作频率f，从晶体管的应用手册上可查得$C_{b'c}$、$r_{bb'}$、$C_{b'e}$等参数，由此可求得Y_{ie}、Y_{re}、Y_{fe}、Y_{oe}等参数，对计算实际电路很方便有效。

2.2.2　单级单调谐放大器

图2-14所示是一个典型的高频小信号单级单谐振回路放大器的电路及其等效电路，简称单调谐放大器。该放大器以单调谐回路作为交流负载。

2.2.2.1　电路组成

R_{B1}、R_{B2}和R_E构成分压式偏置电路以稳定静态工作点，它们与晶体管V_1一起构成共发射极放大电路；C_B、C_E为中频旁路电容，对交流信号可视为短路；T_1、T_2为中频变压器，为放大电路输入、输出提供变压器耦合方式。R_L是放大器的负载，它可能是下一级输入端的等效输入电阻。

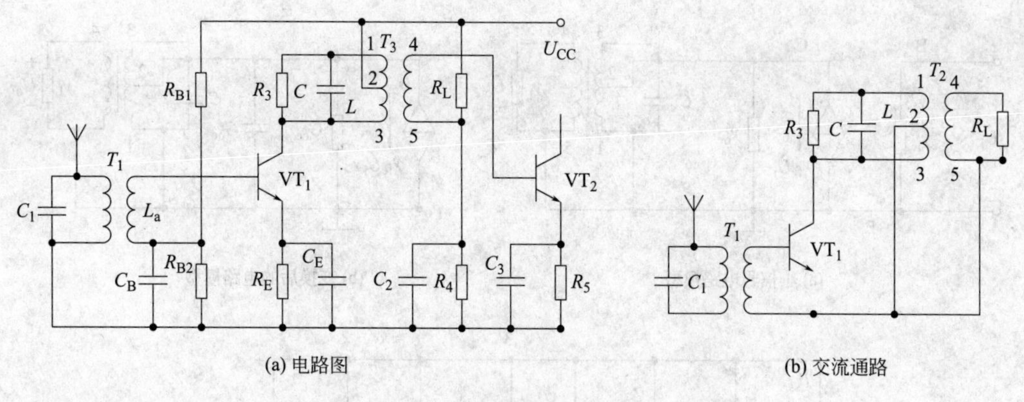

图 2-14 单调谐放大器

T_2 的初级电感 L 和电容 C 构成并联谐振回路，该回路对输入信号谐振，即 $\omega=\omega_0$，此时回路呈现的阻抗最大，而对其他频率的阻抗很小，起选频作用。同时谐振回路与三极管 VT_1 的输出端 C、E 极采用了电感抽头式接法；而负载阻抗 R_L 与 LC 回路采用变压器耦合方式，以减小三极管和负载对 LC 回路品质因数和谐振频率的影响，从而提高了电路的稳定性。所以，谐振回路的作用是实现选频滤波和阻抗匹配。R_3 的作用是降低放大器输出端调谐回路的品质因数 Q 值，以加宽放大器的通频带。输入信号为高频小信号，放大器工作在甲类状态。

2.2.2.2 放大器的性能分析

用图 2-13 替换图 2-14（b）中的晶体管，若忽略晶体管的内部反馈即 $Y_{re}=0$，就可得到放大器的 Y 参数高频等效电路，如图 2-15（a），Y_{ie}、Y_{oe} 为晶体管输入、输出导纳，Y_{fe} 为晶体管的正向传输导纳。因为晶体管工作于高频，输出电容 C_{oe} 的影响不能忽略，可得到 Y 参数简化模型，如图 2-15（b）所示，G_{oe}、C_{oe} 分别为晶体管的输出导纳和输出电容。其中，晶体管接入回路的接入系数 $p_1=\dfrac{N_{12}}{N_{13}}$，负载接入回路的接入系数 $p_2=\dfrac{N_{45}}{N_{13}}$。

图 2-15（c）为折算变化后的 Y 参数简化模型。图中 G_p 为 LC 谐振回路谐振时等效导纳，G'_{oe}、C'_{oe} 为折算到谐振回路 1-3 两端的电导和电容。

$$G'_{oe}=P_1^2G_{oe}$$

$$C'_{oe}=P_1^2C_{oe}$$

$$G'_L=P_2^2G_L$$

$$C'_L=P_2^2C_L$$

并联谐振电路的等效电导和电容分别为

$$G_{oe}=G'_{oe}+G'_L+G_p=p_1^2G_{oe}+p_2^2G_L+G_p$$

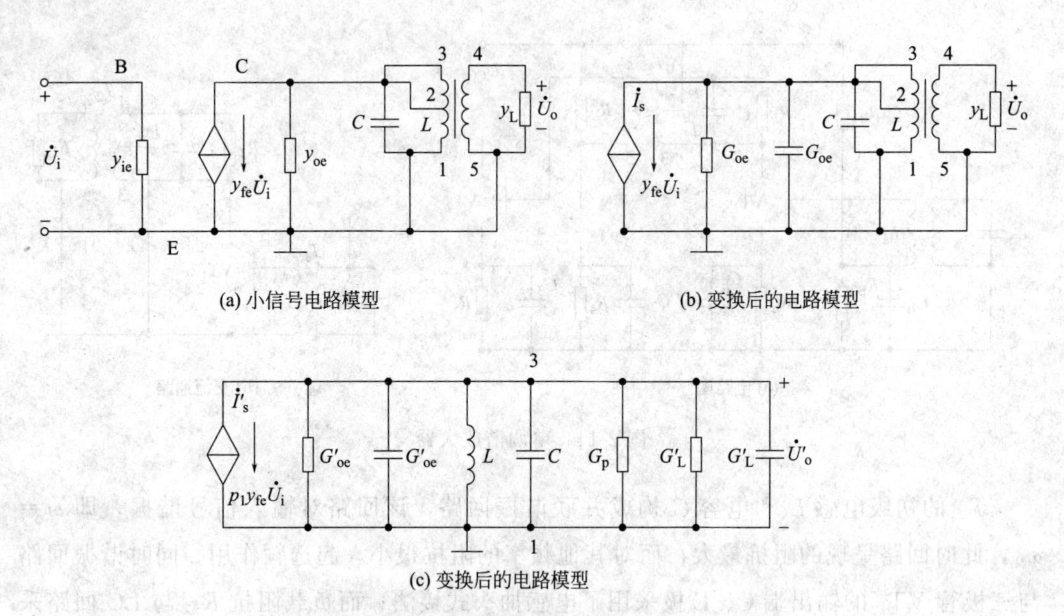

(c) 变换后的电路模型

图 2-15　单调谐小信号 Y 参数模型

$$C_\Sigma = C'_{oe} + C'_L + C = p_1^2 C_{oe} + p_2^2 C_L + C$$

因此，电路的总导纳为

$$Y_\Sigma = G_\Sigma + j\omega L + \frac{1}{j\omega C_\Sigma}$$

输出电压为

$$\dot{U}'_o = -\frac{\dot{I}'_s}{Y_e} = -\frac{p_1 Y_{fe} \dot{U}_i}{Y_e}$$

(1) 电压增益

$$A_u = \frac{\dot{U}_{ce}}{\dot{U}_{be}} = \frac{p_2 U'_o}{\dot{U}_i} = -\frac{p_1 p_2 Y_{fe}}{Y_\Sigma} = -\frac{p_1 p_2 Y_{fe}}{G_\Sigma + j\omega L + \frac{1}{j\omega C_\Sigma}} \tag{2-21}$$

谐振时，$j\omega L + \frac{1}{j\omega C_\Sigma} = 0$，即 $Y_\Sigma = G_\Sigma$，放大器输出电压最大，表示为 A_{u0}

$$A_{u0} = -\frac{p_1 p_2 Y_{fe}}{G_\Sigma} \tag{2-22}$$

(2) 谐振频率

$$f_0 = \frac{1}{2\pi\sqrt{LC_\Sigma}} \tag{2-23}$$

式中，回路电容 C_Σ 由不稳定电容和回路电容 C 共同组成。其中不稳定电容会随三极管的工作电压或三极管的更换而变化，它包括三极管的输出电容、下级三极管的输入电容、电感线圈的分布电容和安装电容等。

图 2-16 所示为单调谐放大器的幅频特性曲线，改变谐振回路的谐振频率 f_0 称为调谐，中放的调谐通常通过调中周的磁芯即改变回路中的 L 来实现。

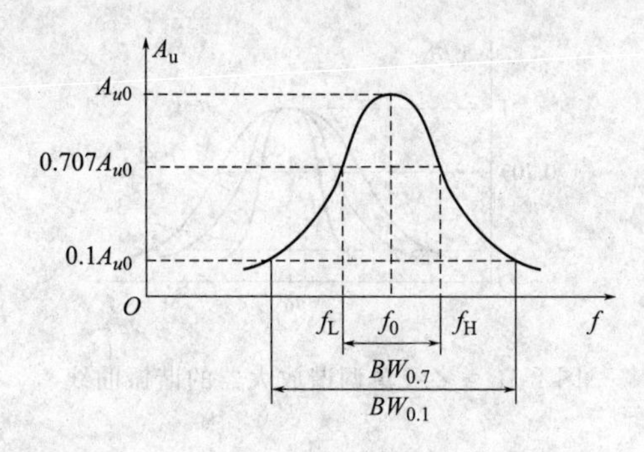

图 2-16 单调谐放大器的幅频特性曲线

(3) 通频带 $BW_{0.7}$

单调谐放大器的通频带同式 (2-7)，$BW_{0.7}=\dfrac{f_0}{Q_L}$，该式表明，当 f_0 一定时，调谐回路的品质因数 Q_L 越高，选择性越好，但放大器的通频带 $BW_{0.7}$ 也越窄。若需展宽频带，通常会采用在调谐回路的两端并联电阻的方法。

2.2.3 多级单调谐放大器

单级单调谐放大器的增益往往不满足需要，实际运用中采用多级放大器级联以获得较高的增益。图 2-17 为两级单调谐放大器。级联后，放大器的增益、通频带和选择性都会发生改变。

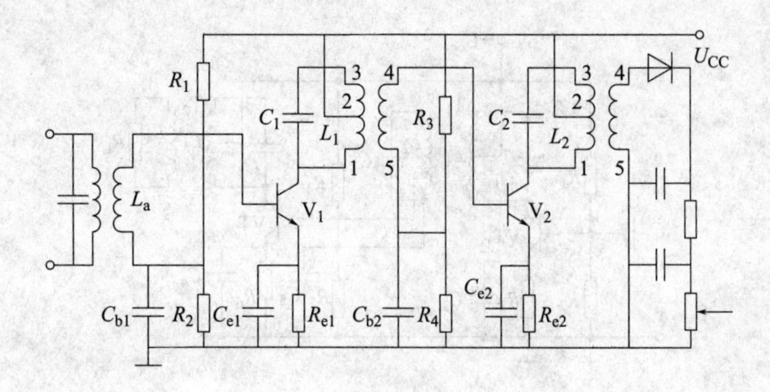

图 2-17 两级单调谐放大器

1. 电压增益

若有 n 级放大器级联，总增益是各级电压增益的乘积，即

$$A_u=A_{u1}A_{u2}A_{u3}\cdots A_{un} \tag{2-24}$$

n 级相同的放大器级联后，谐振曲线等于各单级谐振曲线的乘积，因此，级数越多，曲线越尖锐。如图 2-18 所示。

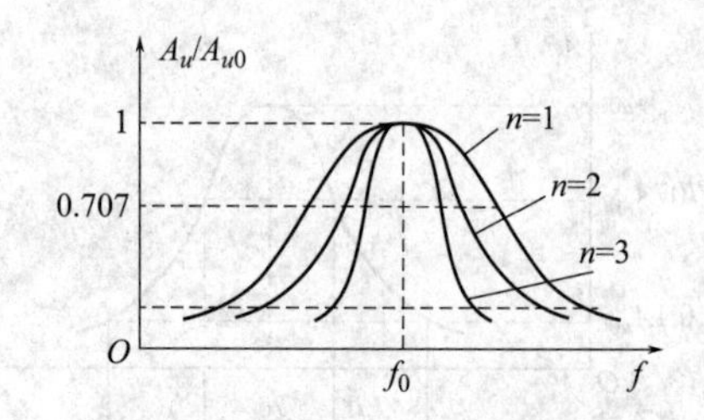

图 2-18　多级单调谐放大器的谐振曲线

2. 通频带

随着级数增加，多级电路通频带会变窄。级联后放大器的总电压增益比单级放大器的电压增益大、选择性好，但多级电路的通频带比单级放大器通频带窄。

单调谐放大器电路简单，容易调试，但其选择性差，而且增益和通频带间的矛盾突出。

2.2.4　双调谐回路谐振放大器

若需要通频带很宽，单用降低 Q 值的方法将使选择性太差且谐振增益太低，这就要另外采取措施，有效改善选择性，解决增益-通频带间矛盾的方法之一是采用双调谐回路谐振放大器（简称双调谐放大器）。

典型的双调谐放大器如图 2-19 所示。

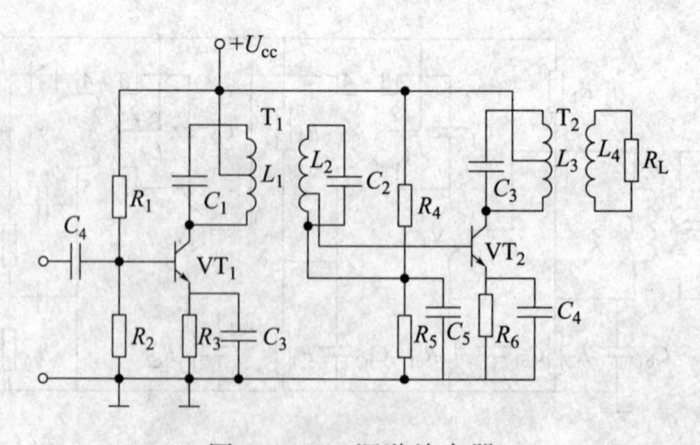

图 2-19　双调谐放大器

双调谐回路由于其耦合的特点，原、副边谐振电压的比例关系不同于一般变压器耦合的情况，而与耦合系数 K 及 Q_L 值有关。通常设初、次级两个回路参数都相同，即电感 $L_1=L_2=L$，回路总电容 $C_{\Sigma 1}=C_{\Sigma 1}=C_{\Sigma}$，有载品质因数 $Q_{L_1}=Q_{L_2}=Q_L$。电路耦合系数

$$k=\frac{M}{\sqrt{L_1L_2}}=\frac{M}{L} \tag{2-25}$$

电路耦合因数 $\eta=kQ_L$。当 $\eta<1$ 时，为弱耦合，谐振曲线是单峰曲线，峰点在 f_0 处；当 $\eta=1$ 时，为临界耦合，谐振曲线仍是单峰曲线；当 $\eta>1$ 时，为强耦合，频率特性在 f_0 的两边出现双峰，在 f_0 处出现谷点，并且 η 越大，两峰点距离越大，谷点下凹越严重。图 2-20 为双调谐放大器的谐振曲线。

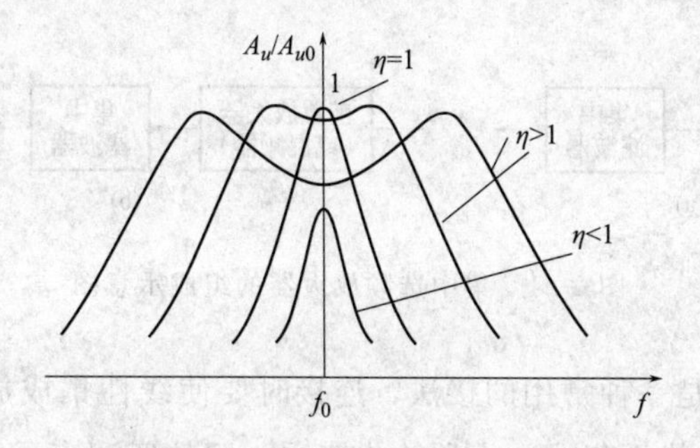

图 2-20　双调谐放大器的谐振曲线

临界耦合时双调谐放大器的通频带

$$BW_{0.7}=\sqrt{2}\frac{f_0}{Q_L} \tag{2-26}$$

双调谐放大器在临界耦合时，通频带是单调谐放大器的$\sqrt{2}$倍，而选择性也比单调谐放大器选择性好。

总之，双调谐回路放大器具有较好的选择性、较宽的通频带，并能较好地解决增益与通频带之间的矛盾，因而它被广泛地用于高增益、宽频带、选择性要求高的场合。但双调谐回路放大器的调整较为困难。

2.3　集中选频放大器

小信号调谐放大器虽然有增益高、矩形系数好等优点而应用较广，但也存在一些缺点，例如因多级放大器中谐振回路多，每级都需要调谐，调整不方便；回路直接与有源器件相连，频率特性会受晶体管参数、分布参数变化的影响。

随着电子制造工艺的不断提高，集中选频放大器应运而生。通常由集中滤波器和宽带集成线性放大电路构成。由于这种放大器多用于中频放大，故常称为集成中频放大器。具有线路简单、选择性好、性能稳定、调整方便等优点，广泛应用于通信、电视等电子设备中。

2.3.1 集中选频放大器的组成

集中选频放大器由集成宽频带线性放大器和集中滤波器组成，它有两种构成形式，如图 2-21 所示。其中集成宽频带线性放大器一般由线性集成电路构成，主要负责对高频小信号进行高增益、宽频带、稳定性好的放大。这种放大器只能适用于固定频率的选频放大器。

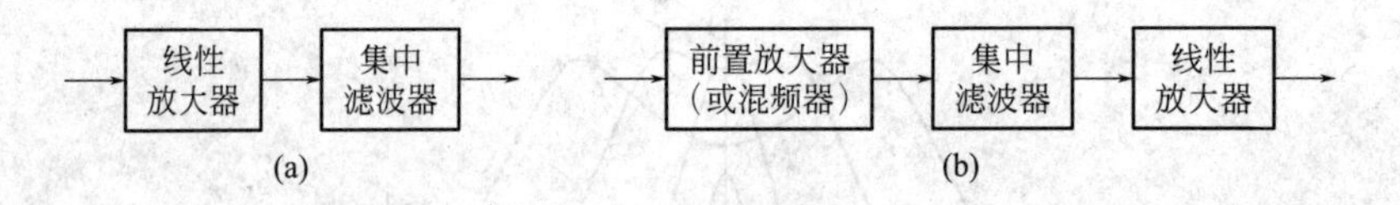

图 2-21 集中选频放大器的组成示意图

图 2-21（a）所示是一种常用的接法，连接时要使线性集成放大器与集中滤波器之间实现阻抗匹配，即从线性集成放大器输出来看，阻抗匹配表示放大器具有较大的功率增益，从滤波器输入端看，要求信号源的阻抗与滤波器的输入阻抗相等而匹配（在滤波器的另一端也是一样），这是因为滤波器的频率特性依赖于两端的源阻抗与负载阻抗，只有当两端阻抗等于要求的阻抗时，方能得到预期的频率特性。

图 2-21（b）所示是另一种接法，其优点是当所需放大信号的频带以外有强的干扰信号（接收中放常用这种情况）时，不会直接进入集成放大器，避免此干扰信号因放大器的非线性而产生新的干扰。有些集中滤波器（如声表面波滤波器）本身有较大的衰减，放在集成放大器之前，将有用信号减弱，从而使集成放大器中的噪声对信号的影响加大，使整个放大器的噪声性能变差。为此，常在滤波器之前加一前置放大器，以补偿滤波器的衰减。

2.3.2 集中选频放大器的应用

图 2-22 为采用声表面波滤波器构成的集中选频放大器。其中前级传来的输入信号经 C_1 加至中放 VT_1 的基极，放大后经过 SWAF 滤波，加至由线性集成放大器组成的主中放的输入端。图中中放是为了补偿 SWAF 较大的插入损耗，R_2、R_3、R_6 组成偏置电路，R_6 产生交流反馈，改善幅频特性。R_4、C_2 构成电源退耦电路。L_1 在中心频率附近与晶体管输入电容组成并联谐振电路，提高晶体管的输入电阻，以提高前级（对接收机来说是变频级）负载回路的有载 Q_L 值，从而利于提高整机的选择性和抗干扰能力。SWAF 的输入、输出端并有匹配电感 L_2、L_3，用以抵消 SWAF 输入、输出分布电容的影响，以实现良好的阻抗匹配。C_1、C_3、C_4 均为交流耦合电容。

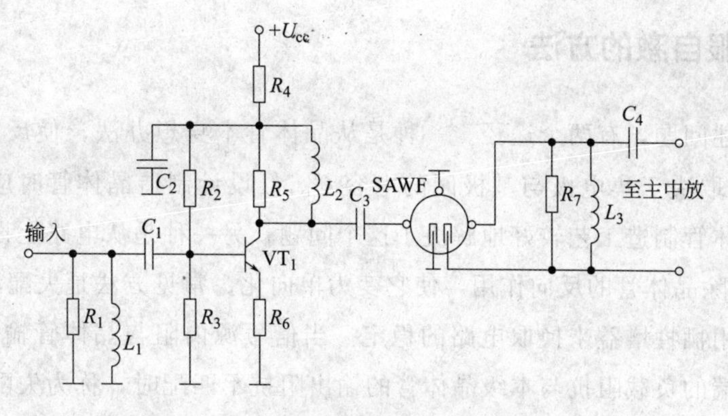

图 2-22　声表面波滤波器选频放大器

2.4　谐振放大器的稳定性

工作稳定性是指电源电压或放大器的元器件参数变化时，放大器增益、通频带、选择性等主要性能的稳定程度。

一般的谐振放大器不稳定现象包括增益变化、中心频率偏移、通频带变窄、谐振曲线变形等，极端情况会出现放大器自激，以致放大器完全不能工作。

为使放大时稳定工作，必须采取稳定措施，如限制每级增益、选择内反馈小的晶体管、应用中和法或失配法、采取必要的工艺措施避免或远离自激。

2.4.1　自激产生的原因

由于晶体管存在着内部反馈，放大器的输出可以反馈到输入端，引起输入电流的变化，因此造成了谐振放大器的不稳定性。若这个反馈足够大，且在相位上满足正反馈条件，则会出现自激振荡，使放大器的工作不稳定。

放大后的输出电压 U_o 通过反向传输导纳（主要决定于集电极和基极间的电容 $C_{b'c}$），把一部分信号反馈到输入端，放大后的信号 U_o 比输入信号 U_i 大得多，所以反馈电压 U_f 并不总是可以忽略不计的，它回到输入端以后，又由晶体管再加以放大，再通过反向传输导纳反馈到输入端，如此循环不止。在条件合适时，放大器甚至不需要外加信号，也能够产生正弦或其他波形的振荡，这时正常的放大作用就被破坏，即使不发生自激振荡，但由于内部反馈随频率而不同，它对于某些频率可能形成正反馈，而对另一些频率则是负反馈，反馈的强弱也不完全相等，这样，某一频率的信号将得到加强，输出增大，而某些频率的信号分量可能受到削弱，输出减小，其结果是使放大器的频率特性受到影响，通频带和选择性有所改变。

2.4.2 克服自激的方法

欲解决上述问题，有两个途径。一种是从晶体管本身想办法，使反向传输导纳 y_{re} 减小。y_{re} 主要取决于集电极与基极间的电容 $C_{b'c}$，设计制造晶体管时应使 $C_{b'c}$ 尽量减小，目前的晶体管制造工艺较好地解决了这个问题；另一种是从电路上设法抵消或减小 y_{re} 的作用，消除晶体管的反向作用，使它变为单向化。常见方法是失配法。

失配法是用牺牲增益来换取电路的稳定。当信号源内阻与晶体管输入阻抗不匹配，或晶体管输出端的负载阻抗与本级晶体管的输出阻抗不匹配时，称为失配。

将两只三极管构成共射—共基复合管是失配法中最常用的办法。如图 2-23 所示。

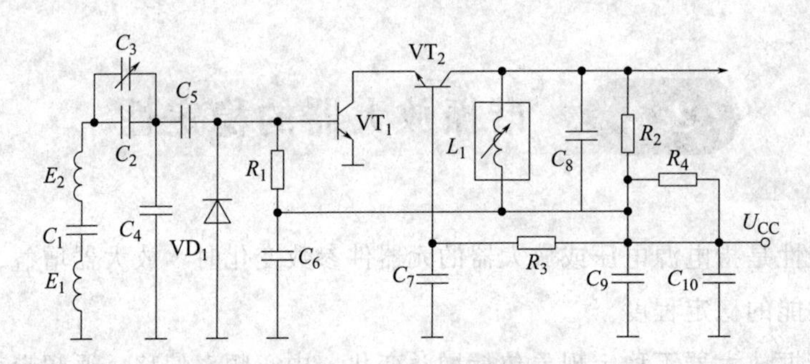

图 2-23 共射—共基复合管级联电路

我们知道，共射电路的输出导纳 Y_o 较小，而共基电路的输入导纳 Y_i 较大，当共射和共基电路相连时，相当于增大了前一级共射电路的负载导纳 Y_{L_1}，反馈到 VT_1 输入端的信号就大大减弱，这使共射管 VT_1 工作在失配状态；同理，第一级共射电路的输出导纳 Y_{o_1} 较小，Y_{o_1} 也就是 VT_2 的信号源内电导 Y_{S_2}，Y_{S_2} 小，则第二级的输出导纳 Y_{o_2} 只和 VT_2 本身参数有关，而不受其输入电路的影响。这样大大减小了输入、输出回路间的牵扯作用，基本上可以把晶体管看作是单向器件了。

另外，前级共射电路在负载导纳 Y_{L_1} 很大的情况下，虽然电压增益减小，但电流增益较大，而后级共基电路虽然电流增益接近 1，但电压增益却较大。二者级联后，互相补偿，电压增益和电流增益都比较大，整个放大器能获得较高的功率增益。共射—共基电路能保证小的噪声系数，通常这种级连电路又称为“低噪声电路”。

仿真实验一 高频小信号谐振放大器

一、仿真实验目的

1. 熟悉 Multisim10（EWB）仿真软件的使用方法；

2. 掌握用仿真软件绘制电路原理图的方法；

3. 掌握仿真示波器、波特图仪参数的设置方法；

4. 用示波器测试电路的电压增益；用波特图仪测出小信号谐振放大器的通频带宽。

二、实验内容与步骤

① 在仿真软件上绘制图 2-24 所示的高频小信号谐振放大器实验电路。

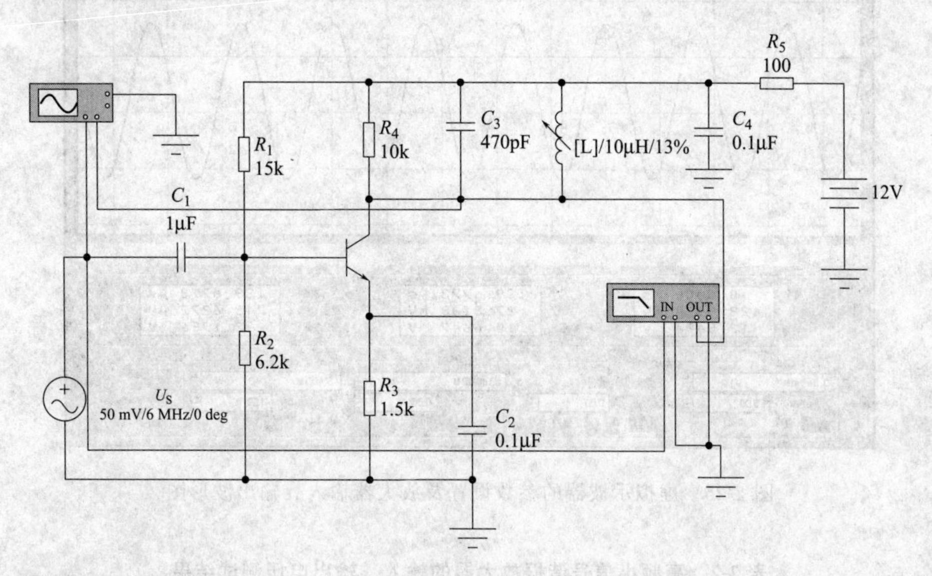

图 2-24　高频小信号谐振放大器实验电路

各元件的名称及标称值如表 2-1 所示。

表 2-1　各元件名称及标称值

序号	元件名称及标号	标称值	序号	元件名称及标号	标称值
1	电阻 R_1	15kΩ	7	电容 C_2	0.1μF
2	电阻 R_2	6.2kΩ	8	电容 C_3	470pF
3	电阻 R_3	1.5kΩ	9	电容 C_4	0.1μF
4	电阻 R_4	10kΩ	10	电感 L	10μH/13%
5	电阻 R_5	0.1kΩ	11	电源 V_{CC}	12V
6	电容 C_1	1μF	12	信号源 U_s	50mV/6MHz/0deg

原理图中的 [示波器图标] 为虚拟示波器（oscilloscope），[IN OUT 图标] 为虚拟波特图仪（Bote Plotter）。

② 设置虚拟示波器的参数，开启仿真电源开关，仿真分析高频小信号谐振放大器的输入输出特性。观测记录示波器的输入、输出波形，如图 2-25 所示，估算出电路的电压增益，记录在表 2-2 中。

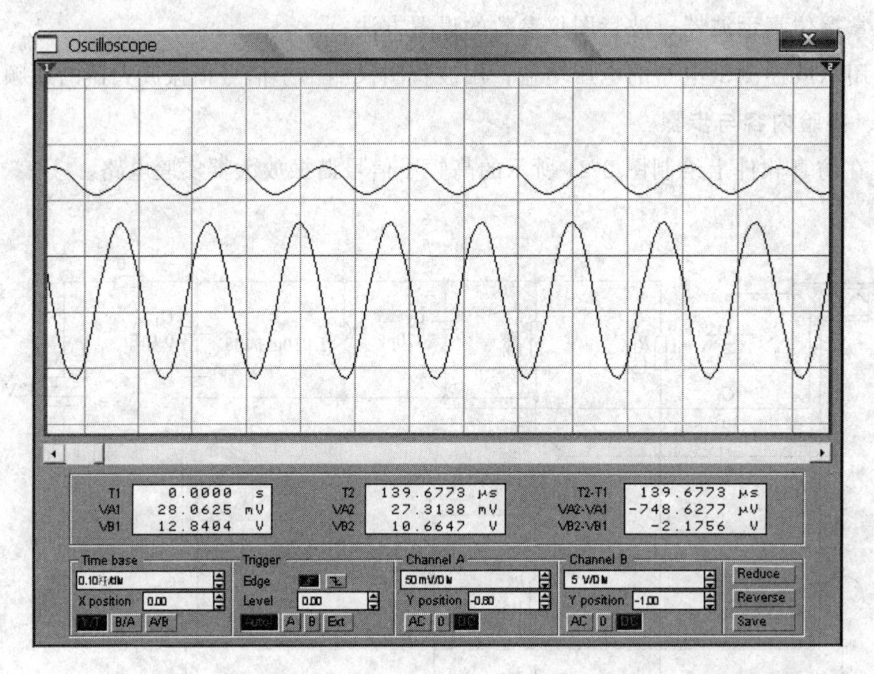

图 2-25 虚拟示波器的参数设置及放大器输入、输出波形图

表 2-2 高频小信号谐振放大器的输入、输出电压测试结果

输入电压波形	输出电压波形	估算电压增益

③ 设置虚拟波特图仪的参数，如图 2-26 所示，开启仿真电源开关，仿真分析高频小信号谐振放大器的幅频特性。观测记录波形，估算出电路的通频带宽 BW，记录在表 2-3 中。

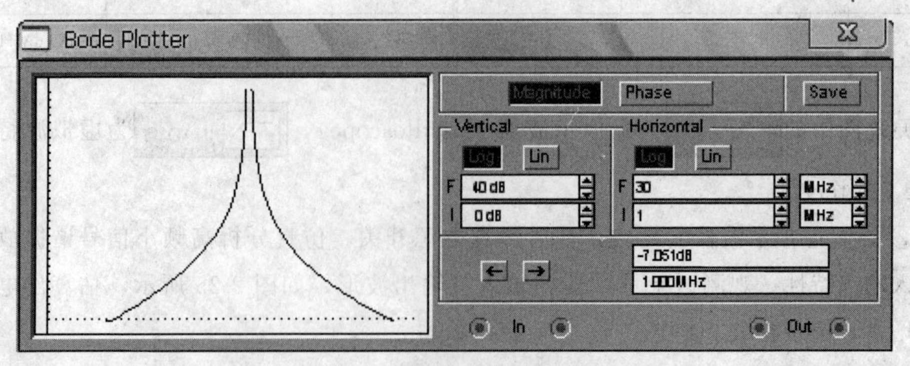

图 2-26 虚拟波特图仪的参数设置及放大器

表 2-3　高频小信号谐振放大器的输入输出电压测试结果

序号	测试条件	幅频特性曲线	估算通频带宽 BW/kHz
1	$R_4=10\text{k}\Omega$		
2	$R_4=5\text{k}\Omega$		

三、注意事项

① 对于初次使用仿真软件的同学，虚拟示波器、波特图仪的参数要严格按照图2-25、图2-26设置，否则无法观察实验波形。

② 及时保存原理图文件并记清楚存盘路径。

四、实验报告要求

整理各实验步骤所得的数据和波形，分析各实验步骤所得的结果。写出心得体会。

在分析高频小信号谐振放大器时，Y参数等效电路是描述晶体管工作状况的重要模型，使用时必须注意，Y参数不仅与静态工作点有关，而且是工作频率的函数。

单级单调谐放大器是谐振放大器的基本电路。为了增大回路的有载Q值，提高电压增益，减少对回路谐振特性的影响，谐振回路与信号源和负载的连接大都采用部分接入方式。

调谐放大器的不稳定是由于晶体管内部电容$C_{b'c}$造成内部反馈；提高放大器稳定性的常用措施有中和法和失配法。

1. 影响谐振放大器稳定性的因素是什么？反馈导纳的物理意义是什么？

2. 给定串联谐振回路的$f_0=1.5\text{MHz}$，$C_0=100\text{pF}$，谐振电阻$R=5\Omega$，试求Q_0和

L，又若信号源电压幅值为 $U_s=1\text{mV}$，求谐振回路中的电流 I_0 以及回路元件上的电路 U_{L0} 和 U_{c0}。

3. 简述高频小信号谐振放大器的主要技术指标。

4. 简述声表面波滤波器的选频原理。

5. 简述在小信号谐振放大器中采用部分接入的原因。

6. 给定并联谐振回路的谐振频率 $f_0=5\text{MHz}$，$C=50\text{pF}$，通频带为 150kHz，试求电感 L、品质因数 Q；又若把通频带加宽至 300kHz，应在回路两端并一个多大的电阻？

7. 对于收音机的中频放大器，其中心频率为 $f_0=465\text{kHz}$，$BW=8\text{kHz}$，回路电容 $C=200\text{pF}$，试计算回路电感 Q_L 值。若电感线圈的 $Q_0=100$，问在回路上应并联多大的电阻才能满足要求？

8. 已知电视伴音中频并联谐振回路的 $BW=150\text{kHz}$，$f_0=6.5\text{MHz}$，$C=47\text{pF}$，试求回路电感 L、品质因数 Q_0；欲将带宽增大一倍，需并联多大的电阻？

9. 如何理解高频小信号放大电路的放大倍数、噪声系数与灵敏度之间的关系？如何理解选择性与通频带的关系？

10. 晶体管低频放大器与高频小信号放大器的分析方法有什么不同？高频小信号放大器能否用特性曲线来分析？为什么？

11. 说明 f_α、f_β、f_T 和最高振荡频率 f_{max} 的物理意义，它们相互间有什么关系？同一晶体管的 f_T 比 f_{max} 高还是低？为什么？试加以分析。

12. 调谐在同一频率的三级单调谐放大器，中心频率为 465kHz，每个回路的 $Q_L=40$，则总的通频带是多少？如要求总通频带为 10kHz，则允许 Q_L 最大为多少？

13. 使调谐放大器工作不稳定的主要因素是________。提高调谐放大器稳定性的措施通常采用______和______。

14. 小信号谐振放大器的主要特点是以________作为放大器的交流负载，具有________和________功能。

15. 在调谐放大器的 LC 回路两端并上一个电阻 R，可以（　　）。

A. 提高回路的 Q 值　　　B. 提高谐振频率

C. 加宽通频带　　　D. 减小通频带

16. 高频小信号调谐放大器主要工作在（　　）。

A. 甲类　　　B. 乙类

C. 甲乙类　　　D. 丙类

17. 小信号调谐放大器主要用于无线通信系统的（　　）。

A. 发送设备　　　B. 接收设备

C. 发送设备、接收设备

18. 是非题（在括号内打“√”表示对，“×”表示错。每题1分，共10分）

(1) 多级耦合的调谐放大器的通频带比组成它的单级单调谐放大器的通频带宽。（　）

(2) 在调谐放大器的LC回路两端并上一个电阻R可以加宽通频带。（　）

(3) LC回路的品质因数Q值越小，其选频能力越强。（　）

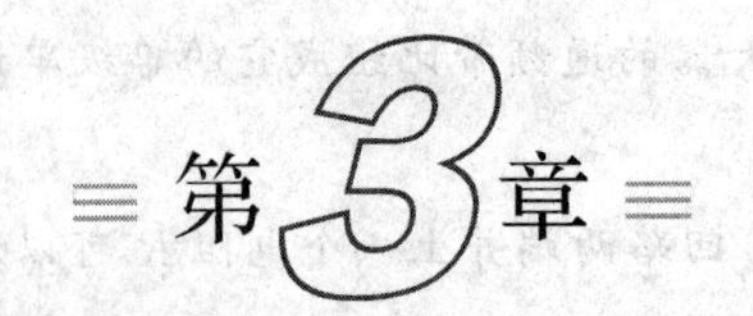

第3章 高频功率放大器

3.1 高频功率放大器概述

高频功率放大器用于放大高频信号并获得足够大的输出功率，又常称为射频功率放大器。它广泛用于发射机、高频加热装置和微波功率源等电子设备中。与低频功率放大电路一样，输出功率、效率和非线性失真同样是高频功率放大电路的三个最主要的技术指标。

3.1.1 高频功率放大器的功能

高频功率放大器的主要作用是用小功率的高频输入信号去控制高频功率放大器，将直流电源供给的能量转换为大功率高频能量输出，在转换过程中，不可避免地会出现能量的损耗，这部分损耗的功率通常转换为热能。若损耗功率过大，就会使器件因过热而损坏。因此，功放的主要研究问题是如何提高效率、减小损耗及获得大的输出功率。

3.1.2 高频功率放大器的分类

根据相对工作频带的宽窄不同，高频功率放大器可分为窄带型和宽带型两大类。窄带型高频功率放大器的相对频带小于0.01，宽带型高频功率放大器的相对频带一般能达到0.1。

窄带型高频功率放大器常采用具有选频功能的谐振网络作为负载，所以又称为谐振功率放大器。为了提高效率，谐振功率放大器一般工作在丙类或乙类状态。本章重点讲解丙类谐振功率放大器。

宽带型高频功率放大器是采用工作频带很宽的传输变压器作为负载，它可实现功率合成。由于不采用谐振网络作为负载，这种功率放大器可以工作在很宽的频率范围内变换工作频率而不必调谐。

3.1.3 高频功率放大器的特点

高频功率放大器和低频功率放大器的共同特点是输出功率大，效率高。它们的不同点表现在它们的工作频率和相对频带宽度相差很大，低频功率放大器工作频率低，但相对频带宽度却很宽，所以它们都采用无调谐负载，如电阻、电压变压器等。高频功率放大器工作频率高，但相对频带很窄，例如调幅广播电台（535～1605kHz的频段范围）频段宽度为9kHz，中心频率取为1000kHz，相对频带宽度只有中心频率的百分之一。中心频率越高，相对频宽越小。因此高频功率放大器一般选用选频网络作为负载。

低频功率放大器常工作于甲类、乙类、甲乙类状态；高频功率放大器常工作于丙类或丁类状态。

由于丙类谐振功率放大器的晶体管工作在非线性状态，因而不能用线性等效电路来分析。谐振功率放大器的分析方法只能采用图解法进行分析。丙类功率放大器是依靠减小晶体管导通时间来提高功率的，输出功率也会因此减小，这是一对矛盾。解决方法之一是采用丁类放大器。

3.2 丙类谐振功率放大器

3.2.1 丙类谐振功率放大器工作原理

3.2.1.1 电路组成

丙类谐振功率放大器的原理电路如图3-1所示。图中U_{BB}和U_{CC}为基极和集电极的直流电源电压，U_{CC}为功率放大器提供直流能量；为使晶体管工作于丙类状态，常取$U_{BB}\leqslant 0$，即U_{BB}为负电源，当没有输入信号u_i时，晶体管的处于截止状态，$i_C=0$。L、

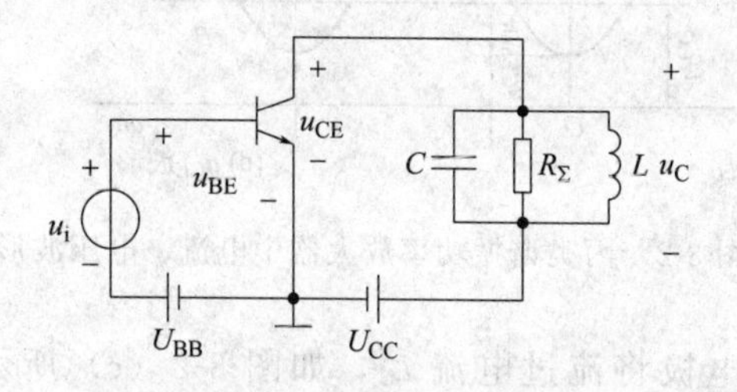

图3-1 谐振功率放大电路原理图

C 构成放大器的并联谐振回路，工作频率一般调谐在输入信号角频率 ω_c 上，R_Σ 是回路等效总电阻。

3.2.1.2 工作原理

（1）丙类功率放大器的 i_C 是失真波形

由图 3-1 可知，当基极输入余弦高频信号 u_i，即 $u_i=U_{bm}\cos\omega_c t$ 时，加在晶体管发射结的两端电压 U_{BE} 为交流信号 u_i、直流电压 U_{BB} 的混合值

$$u_{BE}=U_{BB}+u_i=U_{BB}+U_{bm}\cos\omega_c t \tag{3-1}$$

若 u_{BE} 的瞬时值大于发射结的导通电压 $u_{BE(on)}$ 时，即 $u_{BE}>u_{BE(on)}$ 时，晶体管导通，根据三极管的输入特性可知，将产生基极脉冲电流 i_B；若 $u_{BE}<u_{BE(on)}$，晶体管截止，$i_B=0$，u_{BE} 与 i_B 波形如图 3-2（a）、（b）所示。可见晶体管在小半个周期时间内导通，而在大半个周期时间内截止。基极电流 i_B 是周期性的余弦脉冲电流。

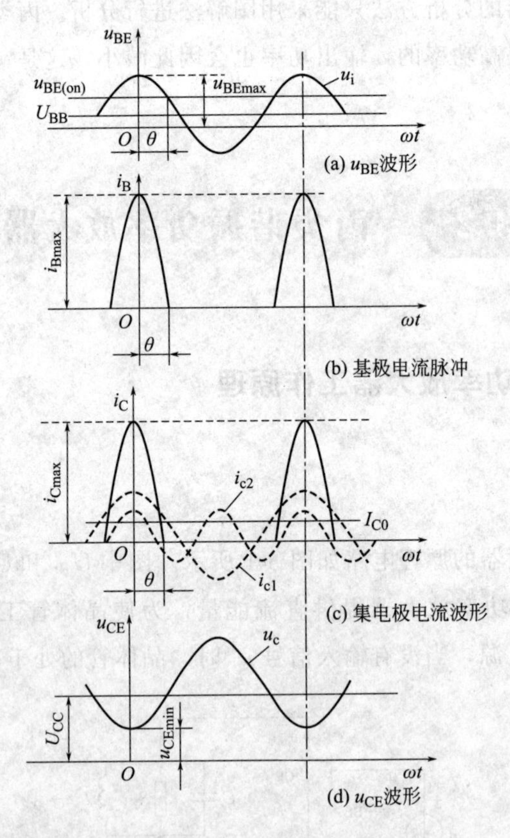

图 3-2 丙类谐振功率放大器中电流、电压波形

三极管导通后，集电极将流过电流 i_C，如图 3-2（c）所示，与基极电流 i_B 相对应，i_C 也是周期性的余弦脉冲形状。通常把一个信号周期内集电极电流导通角的一半称为导电角 θ，如图 3-2（c）所示。丙类谐振电路的导电角 $\theta<90°$。由于，当 $\omega_c t=\theta$

时，i_C刚好为零，此时$u_{BE}=u_{BE(on)}$，由公式（3-1）可知此时$U_{BB}+U_{bm}\cos\theta\approx u_{BE(on)}$，即

$$\cos\theta\approx\frac{u_{BE(on)}-U_{BB}}{U_{bm}} \tag{3-2}$$

因此，如果已知基极直流电源电压U_{BB}，发射结导通电压$u_{BE(on)}$，输入信号振幅U_{bm}，则θ的值便可以确定。

（2）LC谐振回路消除丙类谐振功率放大器的失真

集电极余弦脉冲电流i_C用傅里叶级数展开为

$$i_C=I_{C0}+i_{C1}+i_{C2}+\cdots+i_{Cn}+\cdots \tag{3-3}$$

式中，I_{C0}是集电极电流i_C的直流分量；i_{C1}为基波分量，$i_{C1}=I_{Cm1}\cos\omega_c t$ 其中；i_{C2}为二次谐波分量，$i_{C2}=I_{Cm2}\cos2\omega_c t$；$i_{Cn}$为$n$次谐波分量，$i_{Cn}=I_{Cmn}\cos n\omega_c t$。用傅里叶级数可求得各分量的振幅$I_{C0}$、$I_{Cm1}$、…、$I_{Cmn}$均与$i_{Cmax}$及$\theta$有关，它们的关系为

$$I_{C0}=i_{Cmax}\alpha_0(\theta)$$

$$I_{Cm1}=i_{Cmax}\alpha_1(\theta)$$

$$I_{Cmn}=i_{Cmax}\alpha_n(\theta)$$

式中，i_{Cmax}是i_C波形的脉冲幅度；$\alpha_n(\theta)$为余弦脉冲电流分解系数，其大小是导电角的函数，如图3-3所示。也可通过查表的方法求得其值的大小。

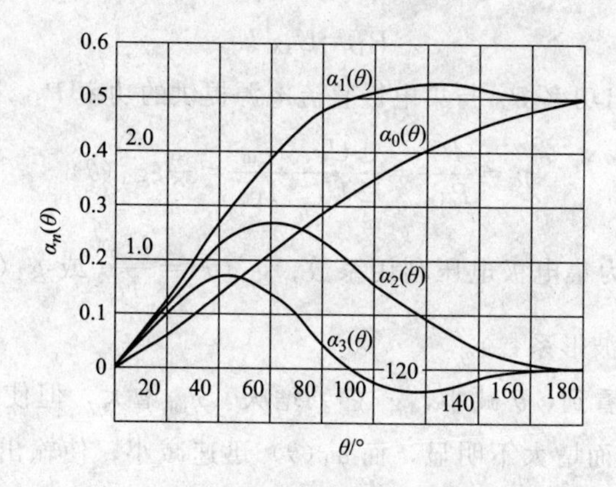

图3-3 余弦脉冲电流分解系数

例如，$\theta=60°$时，可查图3-3得$\alpha_0(\theta)=0.22$，$\alpha_1(\theta)=0.39$，$\alpha_2(\theta)=0.28$。

由于输出LC谐振回路谐振于ω_c上，故集电极电流i_C流经谐振回路时，只有基波分量电流产生压降（LC谐振回路对i_C的基波分量i_{C1}呈现很大的纯电阻性阻抗R_Σ，其中R_Σ已考虑了负载影响，而对直流和各谐波分量失谐，呈现的阻抗很小，可近似看成短路），即LC谐振回路两端只有基波电压u_C。

$$u_C=R_\Sigma I_{Cm1}\cos\omega_c t=U_{Cm}\cos\omega_c t \tag{3-4}$$

式中，基波电压振幅$U_{Cm}=I_{Cm1}R_\Sigma$。三极管集电极和发射极之间的瞬时电压为

$$u_{CE}=U_{CC}-u_C=U_{CC}-U_{Cm}\cos\omega_c t \quad (3-5)$$

可见，LC 谐振回路具有选频作用，滤除 i_C 的直流和各次谐波分量，输出电压仍然是不失真的余弦波。

由公式（3-1）、公式（3-4）、公式（3-5）可见，当晶体管确定后，输出 LC 谐振回路两端电压的振幅 U_{Cm} 的大小与 U_{CC}、U_{BB}、R_Σ 和 U_{bm} 四个参数有关。

3.2.1.3 输出功率与效率

由于并联谐振回路调谐在基波频率上，回路对基频呈现很大的纯电阻性阻抗，而对谐波的阻抗则很小，可以看作短路，所以输出电路中高次谐波电压很小，因此在谐振功率放大器中，我们只需研究直流分量与基波分量的功率。

（1）谐振功放输出交流功率 P_o。

放大器的输出功率 P_o 等于集电极基波电流分量在负载 R_Σ 上的平均功率，即

$$P_o=\frac{1}{2}I_{Cm1}U_{Cm}=\frac{1}{2}I_{Cm1}{}^2R_\Sigma=\frac{U_{Cm}^2}{2R_\Sigma} \quad (3-6)$$

（2）集电极效率 η_C

集电极直流电源提供的功率 P_D 等于集电极电流直流分量 I_{C0} 与直流电源 U_{CC} 的乘积，即

$$P_D=U_{CC}I_{C0} \quad (3-7)$$

效率 η_C 等于输出功率 P_o 与集电极直流电源提供的功率 P_D 之比，即

$$\eta_C=\frac{P_o}{P_{DC}}=\frac{1}{2}\frac{U_{Cm}}{U_{CC}}\frac{I_{Cm1}}{I_{C0}}=\frac{1}{2}\xi g_1(\theta) \quad (3-8)$$

式中 $\xi=\frac{U_{Cm}}{U_{CC}}$ 称为集电极电压利用系数；$g_1(\theta)=\frac{I_{Cm1}}{I_{C0}}$ 或 $g_1(\theta)=\frac{\alpha_1(\theta)}{\alpha_2(\theta)}$，称为集电极电流利用系数（波形系数）。

由图 3-3 可清楚看到，θ 减小，$g_1(\theta)$ 增大，η_C 增大，但使用时需注意当 $\theta<40°$ 后，$g_1(\theta)$ 随 θ 减小而增大不明显，而 $\alpha_1(\theta)$ 迅速减小，使输出功率过小。所以为了兼顾效率和输出功率两个方面，一般以 70°为最佳导通角。

（3）集电极功耗 P_C

集电极耗散功率 P_C 等于直流电源提供的功率 P_D 与输出功率 P_o 之差。

$$P_C=P_D-P_o \quad (3-9)$$

3.2.2 丙类倍频器

倍频器（frequency multiplier）使输出信号频率等于输入信号频率整数倍的电路。广泛应用于发射机、频率合成器等电子设备中。采用倍频器可提高频率稳定度；调频设

备用倍频器来增大频率偏移；在相位键控通信机中，倍频器是载波恢复电路的一个重要组成单元。倍频器有晶体管倍频器、变容二极管倍频器、压控振荡器和控制电路构成的倍频器等。

丙类倍频器是利用丙类放大器实现的，它是利用丙类功率放大器输出回路调谐在输入频率的 n 次谐波上，谐振回路上获得的就是 n 次谐波电压，在负载上得到的输出信号频率是输入信号的频率的 n 倍。

集电极电流脉冲中包含的谐波分量幅度总是随着 n 的增大而迅速减小，随着倍频次数 n 的增高，它的输出功率与效率下降。为使输出信号幅度足够大，这种倍频器的倍频次数较低，一般 $n=3\sim5$，丙类倍频器的工作频率一般不超过几十兆赫兹。这种倍频器的优点具有一定功率增益。

3.3 丙类谐振功率放大器的性能分析

3.3.1 谐振功率放大器的工作状态

丙类谐振功放在输入信号的作用下，放大器将经历不同的工作区（饱和区、放大区和截止区），因此放大器将工作在不同的工作状态。工作状态有以下 3 种：①欠压状态，指管子导通时均处于放大区；②临界状态，指管子导通时从放大区达到临界饱和；③过压状态，指管子导通时从放大区进入饱和区。

实际工作中，丙类谐振功放的工作状态与 U_{CC}、U_{BB}、R_{Σ} 和 U_{bm} 四个参数有关，丙类谐振功放的工作状态不同，放大器的输出功率和管耗就大不相同，因此，必须分析各种工作状态的特点，以及 U_{CC}、U_{BB}、R_{Σ} 和 U_{bm} 的变化对工作状态的影响，即丙类功率放大器的特性。

3.3.2 谐振功率放大器的动态线

当接入负载并有交流信号输入时，在输出特性图中，表示集电极电流 i_C 与输出电压 u_{CE} 之间相互变化关系的轨迹线称为动态线，又称为交流负载线，即图中的 $CABD$ 线。由于谐振功放的输出端具有选频网络，故输出交流电压 u_C 必然是一个完整的余弦信号。由图 3-4 可以看到，截止区和饱和区内的动态线 BD 和 CA 分别和输出特性中的截止线和临界饱和线重合（其中临界饱和线斜率为 g_{cr}），而放大区内的动态线是一条其延长线经过 Q 点的负斜率线段 AB。故整条动态线由 CA、AB 和 BD 三段直线组成，其中关键是放大区内动态线 AB 的位置。

由式（3-1）和式（3-5）可写出：

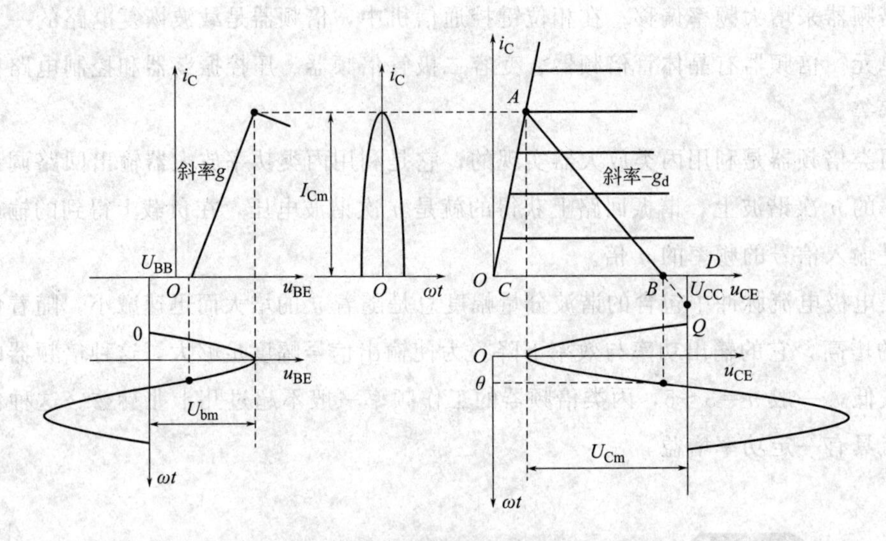

图 3-4 折线化转移特性和输出特性分析

$$u_{BE}=U_{BB}+u_i=U_{BB}+U_{bm}\cos\omega_c t$$

$$u_{CE}=U_{CC}-u_C=U_{CC}-U_{Cm}\cos\omega_c t$$

在甲类和甲乙类工作时，Q 点位于放大区内的动态线上；在乙类工作时，Q 点下移到放大区与截止区交界处的动态线上。所以，在丙类工作时，Q 点应该沿着动态线继续下移，位于动态线的延长线上，即在第四象限内。另外，由图 3-5 中的转移特性和式(3-14) 可知，在没有输入信号即静态工作点，因为 $u_{BE}=U_{BB}$，故有 $u_{CE}=U_{CC}$，这也是 Q 点应该满足的条件。综上所述，输出特性中的 Q 点位置应该是在动态线 AB 的延长线与直线 $u_{CE}=U_{CC}$ 的相交处。Q 点位于第四象限内并非表示此时 i_C 为负值，而是说明此时 $i_C=0$，因为集电极电流不可能反向流动。Q 点是为了作图的需要而虚设的一个辅助点。

3.3.3 丙类谐振功率放大器的特性

下面通过分析 U_{CC}、U_{BB}、R_Σ 和 U_{bm} 四个参数指标中某一个的变化对放大器工作状态和输出信号的影响，分析丙类谐振功率放大器的特性。

3.3.3.1 负载特性

负载特性是指 U_{CC}、U_{BB} 和 U_{bm} 不变时，放大器随 R_Σ 变化的特性。

(1) 工作状态的变化

随着 R_Σ 的逐渐增大，动态线的斜率逐渐减小，放大器将由欠压状态向临界状态、过压状态依次变化，即先后经历欠压、临界、过压状态。

(2) i_C波形的变化

随着R_Σ增大，i_C随着R_Σ变化的特性如图 3-5 所示，i_C波形的宽度基本不变，在过压状态时，i_C波形的顶部发生凹陷，这是由于进入过压区后转移特性为负斜率，从而产生凹陷。

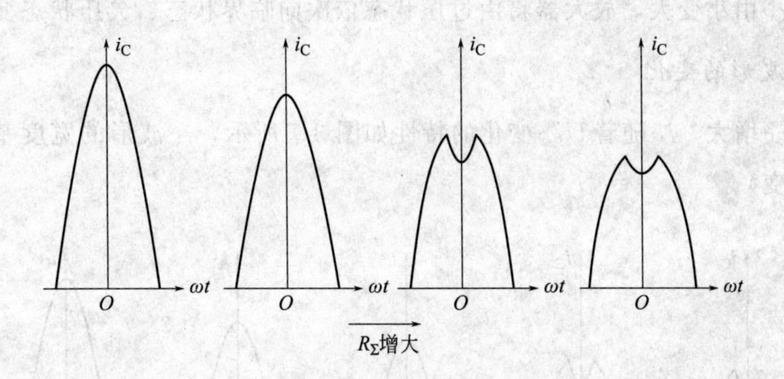

图 3-5　i_C随着R_Σ变化的特性曲线

(3) U_{Cm}、I_{C0}、I_{Cm1}的变化特性

随着R_Σ增大，U_{Cm}、I_{C0}、I_{Cm1}随着R_Σ变化的特性如图 3-6 (a) 所示。

(4) P_o、P_D、P_C、η_C的变化特性

随着R_Σ增大，P_o、P_D、P_C、η_C变化的特性如图 3-6 (b) 所示。

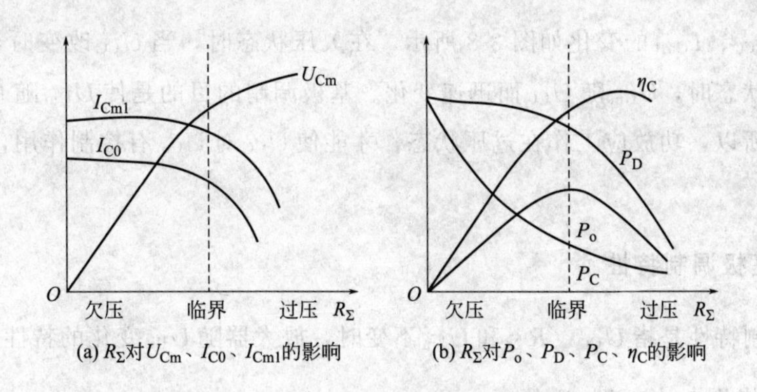

图 3-6　谐振功放的负载特性曲线

当放大器处于临界状态时，输出功率P_o最大，集电极效率η_C也较大，故临界状态是谐振功率放大器最佳工作状态，与之相对应的R_Σ值称为谐振功放的最佳负载或匹配负载，用R_{eopt}表示。工程上，R_{eopt}可由下式确定：

$$R_{eopt}=\frac{1}{2}\frac{U_{Cm}^2}{P_o}\approx\frac{1}{2}\frac{[U_{CC}-U_{CE(sat)}]^2}{P_o} \tag{3-10}$$

3.3.3.2 集电极调制特性

集电极调制特性是指 U_{BB}、R_{Σ} 和 U_{bm} 不变时，放大器随 U_{CC} 变化的特性。

(1) 工作状态的变化

随着 U_{CC} 由小变大，放大器将由过压状态依次向临界状态、欠压状态变化。

(2) i_C 波形的变化

随着 U_{CC} 增大，i_C 随着 U_{CC} 变化的特性如图 3-7 所示，i_C 波形的宽度基本不变（即导电角 θ 不变）。

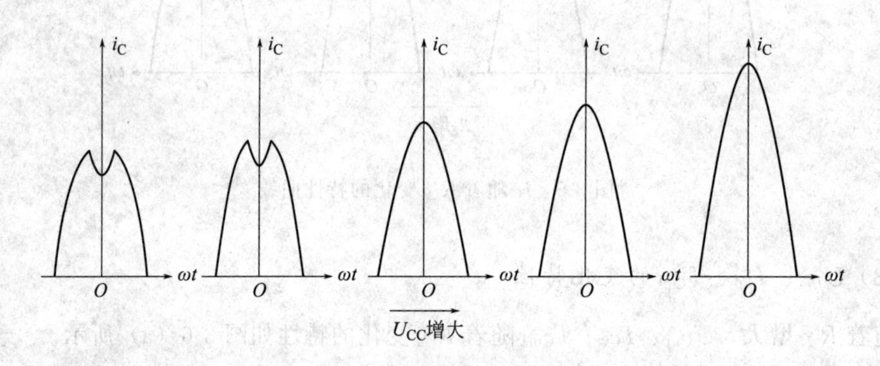

图 3-7 U_{CC} 对 i_C 波形的影响

(3) U_{Cm}、I_{C0}、I_{Cm1} 的变化特性

U_{Cm}、I_{C0}、I_{Cm1} 的变化如图 3-8 所示，在欠压状态时，当 U_{CC} 改变时，U_{Cm} 几乎不变；在过压状态时，U_{Cm} 随 U_{CC} 而迅速变化。基极调制的目的是使 U_{Cm} 随 U_{CC} 的变化规律而变化，所以，功放应工作在过压状态，才能使 U_{CC} 对 U_{Cm} 有控制作用，即振幅调制作用。

3.3.3.3 基极调制特性

基极调制特性是指 U_{CC}、R_{Σ} 和 U_{bm} 不变时，放大器随 U_{BB} 变化的特性。

(1) 工作状态的变化

随着 U_{BB} 由小变大，放大器将由欠压状态依次向临界状态、过压状态变化。

(2) i_C 波形的变化

由于 $\cos\theta \approx \dfrac{u_{BE(on)} - U_{BB}}{U_{bm}}$，随着 U_{BB} 增大，θ 逐渐增大，使 i_C 波形的宽度变大；因 $u_{BE} = U_{BB} + u_i = U_{BB} + U_{bm}\cos\omega_c t$，$U_{BB}$ 增大，u_{BEmax} 增大，使 i_C 的高度也增大。i_C 随着 U_{BB} 变化的特性如图 3-9 所示。

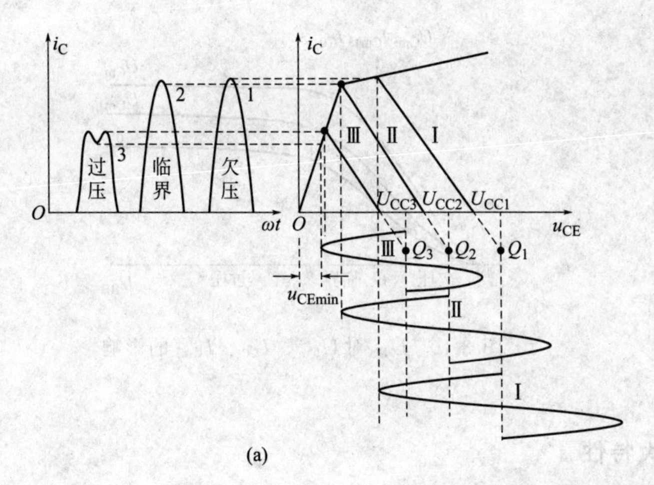

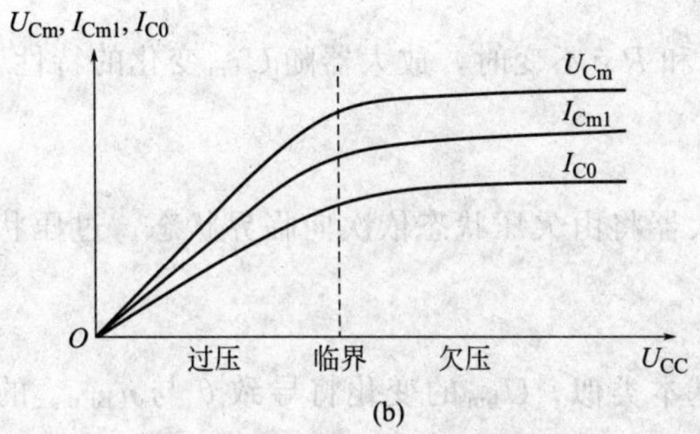

图 3-8　U_{CC}对U_{Cm}、I_{C0}、I_{Cm1}的影响

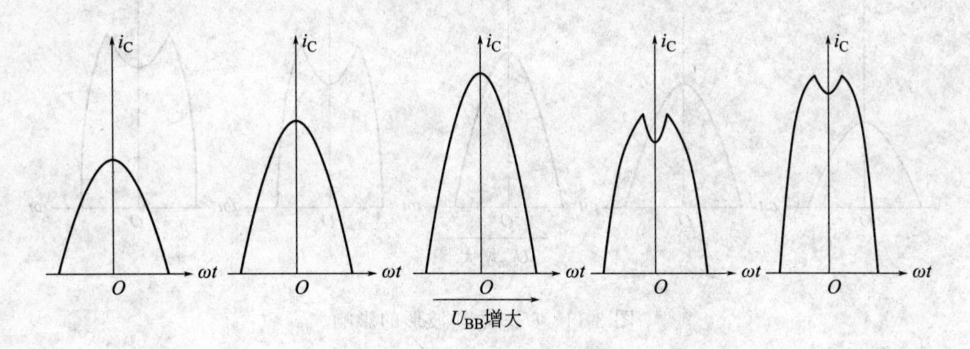

图 3-9　U_{BB}对i_C波形的影响

(3) U_{Cm}、I_{C0}、I_{Cm1}的变化特性

在欠压区内，随着U_{BB}增大，U_{Cm}、I_{C0}、I_{Cm1}迅速增大；在过压区内，随着U_{BB}增大，U_{Cm}、I_{C0}、I_{Cm1}只略有增大。基极调制的目的是使U_{Cm}随U_{BB}的变化规律而变化，所以功放应工作在欠压状态，才能使U_{BB}对U_{Cm}有控制作用。特性如图 3-10 所示。

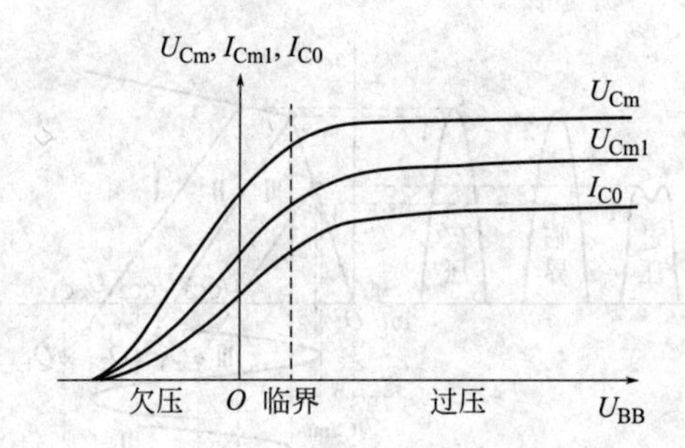

图 3-10　U_{BB}对U_{Cm}、I_{C0}、I_{Cm1}的影响

3.3.3.4　放大特性

放大特性是指U_{CC}、U_{BB}和R_{Σ}不变时，放大器随U_{bm}变化的特性。

（1）工作状态的变化

随着U_{bm}由小变大，放大器将由欠压状态依次向临界状态、过压状态变化。

（2）i_C波形的变化

与基极调制特性的情况基本类似，U_{bm}的变化将导致θ与u_{BEmax}的变化，随着U_{bm}增大，i_C波形的宽度变大，高度变大。U_{bm}对i_C波形的影响如图 3-11 所示。

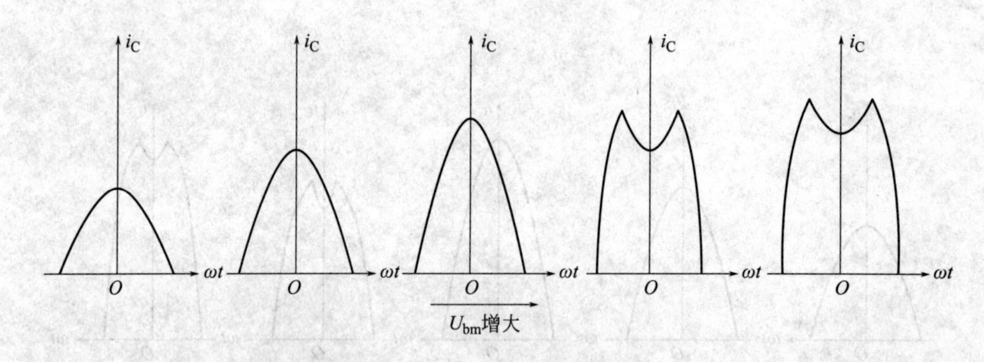

图 3-11　U_{bm}对i_C波形的影响

（3）U_{Cm}、I_{C0}、I_{Cm1}的变化特性

如图 3-12 所示，在欠压状态时，U_{Cm}随U_{bm}增大而增大，但不成线性关系，因为θ也会随之增大，使i_C脉冲的宽度和高度都随之增大，仅当处于甲类或乙类工作状态时，θ固定为 180°或 90°，θ不会随U_{bm}的变化而变化，此时U_{Cm}与U_{bm}才成正比线性关系。在过压状态，随着U_{bm}增加，U_{Cm}几乎保持不变，这时电路起振幅限幅的作用，即可把振幅在较大范围内变化的输入信号变换为振幅恒定的输出信号。

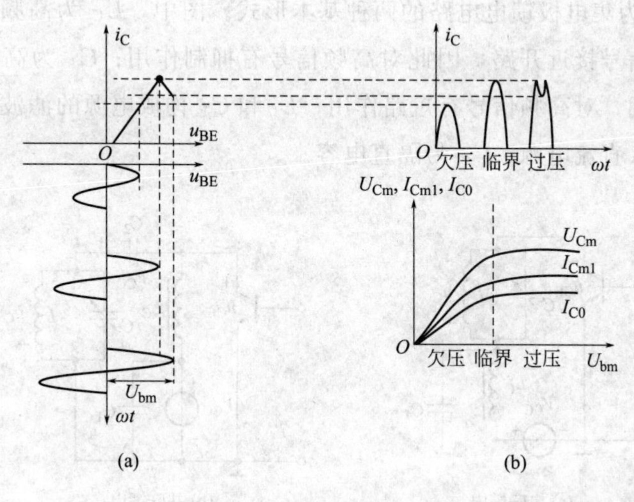

图 3-12　放大特性分析

3.4　丙类谐振功率放大器电路

丙类谐振功率放大器电路由功率管直流馈电电路与滤波匹配网络组成。功率管的输入、输出回路都必须有直流通路，且尽量减小管外电路消耗直流电源功率。直流通路不能影响匹配网络的工作，匹配网络也不能影响直流通路的正常供电，同时应尽量避免高频信号及其谐波流入直流电源，并防止公共电源的寄生耦合。

3.4.1　直流馈电电路

直流馈电电路是把直流电源馈送到功放管各极的电路，其作用是为功放管基极提供适当的偏压，为集电极提供电压源。无论是哪一部分的馈电电路，都有串联馈电和并联馈电两种基本电路形式。

所谓串联馈电是指直流电源、匹配网络和晶体管三者串联连接的一种馈电方式；所谓并联馈电是指直流电源、匹配网络和晶体管三者并联连接的一种馈电方式。

3.4.1.1　集电极馈电电路

由于集电极电流是脉冲电流，包括直流分量、基波分量及各次谐波分量，所以集电极直流馈电电路的构成原则是：应保证有效地将直流分量 I_{C0} 形成的电压 U_{CC} 加在功放管的集电极和发射极之间，也应保证谐振回路两端仅有基波分量压降，以便把交换后的交流功率传送给回路负载；另外，还应保证能有效滤除集电极电流的高次谐波分量，以免产生附加损耗。

图 3-13 所示为集电极馈电电路的两种基本形式。图中，L_C 为高频扼流圈，对直流短路，但对高频信号接近开路，因此对高频信号有抑制作用；C_1 为高频旁路电容，对直流具有隔离作用，对高频信号有短路作用；L_C和 C_1 构成电源的滤波电路，防止高频信号及其谐波流入直流电源；C_2 为隔直电容。

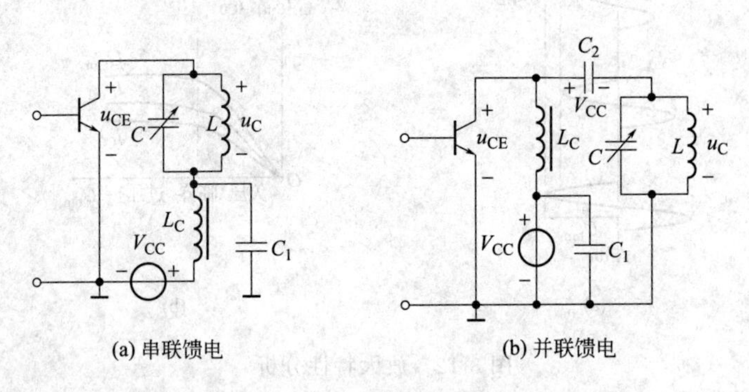

图 3-13　集电极馈电线路

图 3-13（a）所示为串联馈电电路，交流通路与直流通路相重合，LC 谐振回路处于直流高电位，不能用手直接去触碰，故安装和调整不方便，但它们对地的分布电容不会影响回路的谐振频率。图 3-13（b）所示为并联馈电电路，交流通路与直流通路相分开，LC 谐振回路处于直流低电位，它们对地的分布电容将直接影响回路的谐振频率，但谐振回路元件可接地，安装调整时比串馈电路方便。

实际上，串联馈电电路和并联馈电电路只是电路结构形式不同，就电压关系而言，直流电压与交流电压总是串联叠加的，都满足 $u_{CE}=U_{CC}-U_{Cm}\cos\omega t$ 的关系式。

3.4.1.2　基极馈电电路

基极直流馈电电路是为功放管的基极提供合适的偏压。基极直流馈电电路也有串联馈电电路和并联馈电电路两种，如图 3-14 所示。

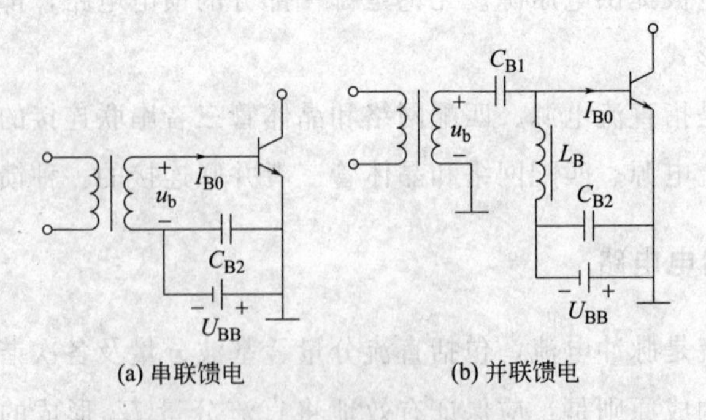

图 3-14　基极馈电线路

与集电极馈电电路不同的是，基极的偏压既可以是外加的，也可以是由基极电流 i_B中的直流分量 I_{B0}或者发射极电流 i_E 的直流分量 I_{E0}形成的。前者称为固定偏压，它

可以增大放大器的输出功率，但温度稳定性较差；后者称为自给偏压，由于温度稳定性好而被广泛应用。

图 3-15（a）所示是利用 i_B 的直流分量 I_{B0} 在 R_b 上产生所需的负偏压，并通过高频扼流线圈 L_b 加到基极上，使 $u_{BE}=-I_{B0}R_b$；图 3-15（b）所示则是利用 i_E 的直流分量 I_{E0} 在 R_E 上产生所需的负偏压，并通过高频扼流线圈 L_b 加到基极上，使 $u_{BE}=-I_{E0}R_e$；图 3-15（c）所示是利用 i_B 的直流分量 I_{B0} 在上高频扼流线圈 L_b 的直流电阻上产生很小的电压作为负偏压。

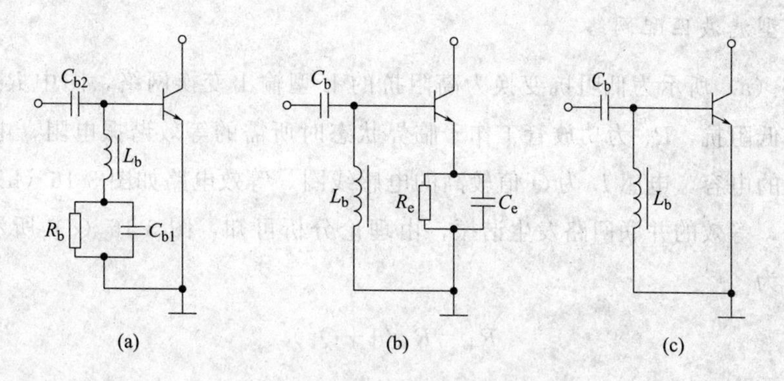

图 3-15　谐振功放的基极偏置电路

3.4.2　滤波匹配网络

3.4.2.1　滤波匹配网络要求

谐振功率放大器中，为满足它的输出功率和效率的要求，除正确选择放大器的工作状态外，还必须正确设计输入和输出滤波匹配网络。无论是输入滤波匹配网络还是输出滤波匹配网络，它们都具有传输有用信号的作用。

（1）输入滤波匹配网络

输入滤波匹配网络的作用是把放大器的输入阻抗变换为前级信号源所需的负载阻抗，使电路能从前级信号源获得尽可能大的激励功率。

（2）输出滤波匹配网络

对于输出滤波匹配网络的主要要求是：

① 具有较强的滤波能力，即滤除不需要的高次谐波，使负载上只有基波电压。

② 能进行有效的阻抗变换，即将外接负载变换成谐振功放所要求的最佳匹配负载，以保证放大器输出所需的功率。

③具有较高的回路效率，即滤波匹配网络本身的固有损耗应尽可能地小。

3.4.2.2 LC滤波匹配网络

LC滤波匹配网络采用LC组成的滤波匹配网络，并使网络工作于谐振状态，以此抵消阻抗变换网络接入电路而引入的电抗，因此LC滤波匹配网络属于窄带滤波匹配网络。

常用的LC滤波匹配网络匹配网络除了在第2章中讲解过的部分接入形式，还有L型、T型和Π滤波匹配网络匹配网络等。

(1) L型滤波匹配网络

图3-16 (a) 所示为低阻抗变换为高阻抗的L型输出变换网络，图中R_L为外接负载电阻且为低阻抗，R_e为功放管工作于临界状态时所需的等效谐振电阻，电容C为高频损耗很小的电容，电感L为Q值较高的电感线圈。等效电路如图3-16 (b) 所示，在工作频率上，等效的并联回路发生谐振，由理论分析可知，图3-16 (a) 所示网络参数计算关系式为

$$R'_L = R_L(1+Q_e^2) \tag{3-11}$$

$$Q_e = \sqrt{\frac{R_e}{R_L} - 1} \tag{3-12}$$

$$L' = L\left(1+\frac{1}{Q_e^2}\right) \tag{3-13}$$

由式(3-12)可知，当$R_e > R_L$时，电路可实现低阻抗变换为高阻抗，图3-16 (a) 所示网络可用于实际外接负载比较小，而放大器要求的负载电阻比较大的场合。

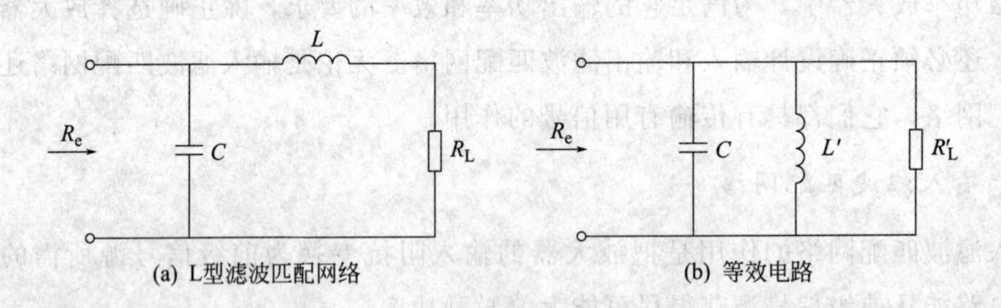

图3-16 低阻变高阻L型滤波匹配网络

当外接负载R_L比较大，而放大器所要求的负载电阻R_e较小时，可采用图3-17 (a) 所示的高阻抗变换为低阻抗的L型输出变换网络。等效电路如图3-17 (b) 所示，在工作频率上，等效的串联回路发生谐振，由理论分析可知，图3-17 (a) 所示网络参数计算关系式为

$$R'_L = \frac{R_L}{1+Q_e^2} \tag{3-14}$$

$$Q_e=\sqrt{\frac{R_L}{R_e}-1} \tag{3-15}$$

$$C'=C\left(1+\frac{1}{Q_e^2}\right) \tag{3-16}$$

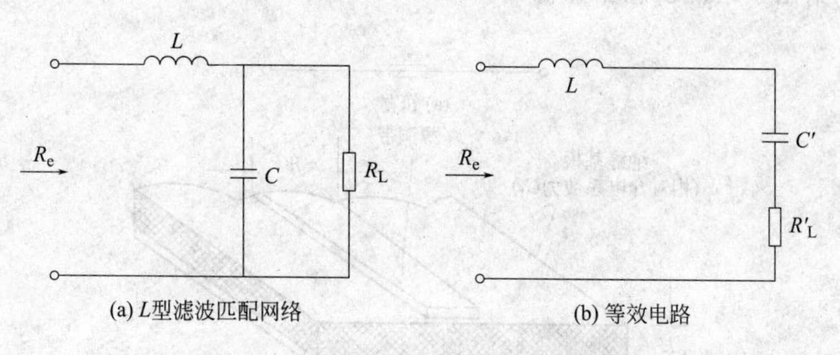

图 3-17　高阻变低阻 L 型滤波匹配网络

由式（3-15）可知，当 $R_e<R_L$ 时，图 3-17（a）所示网络可实现高阻抗变换为低阻抗。

L 型匹配网络的缺点是当两个要阻抗变换的信号源内阻和负载电阻值确定后，L 型匹配网络的 Q 值也确定了，因此该窄带网络的滤波性能不能选择。

（2）T 型和 Π 滤波匹配网络

L 型滤波匹配网络的阻抗变换前后的电阻相差 $1+Q_e^2$ 倍，如果实际情况下要求变换的倍数并不高，这样回路的 Q 值就只能很小，会导致滤波性能很差。因此当对匹配网络有更高的滤波要求时，可采用三电抗元件组成 T 型和 Π 滤波匹配网络，如图 3-18 所示。

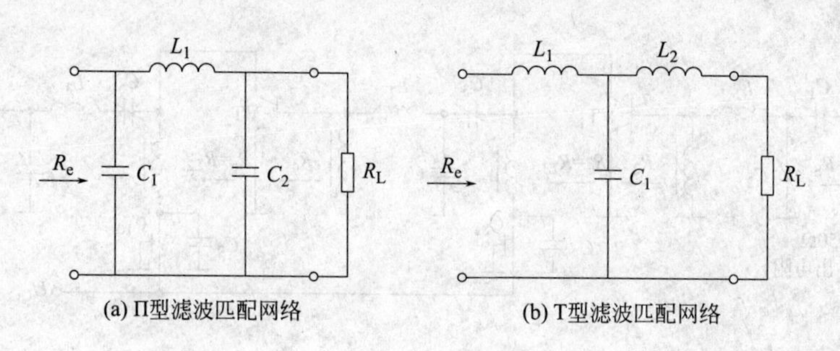

图 3-18　Π 型和 T 型滤波匹配网络

3.4.2.3　微带线

一般来说，在 400MHz 以下的甚高频（VHF）段，匹配网络通常采用集总参数 LC

元件组成，而在400MHz以上的超高频（UHF）段，则需使用分布参数的微带线组成匹配网络，或使用微带线和LC元件混合组成。

微带线又称微带传输线，是用介质材料把单根带状导体与接地金属板隔离而构成的，图3-19给出了结构示意图和符号。

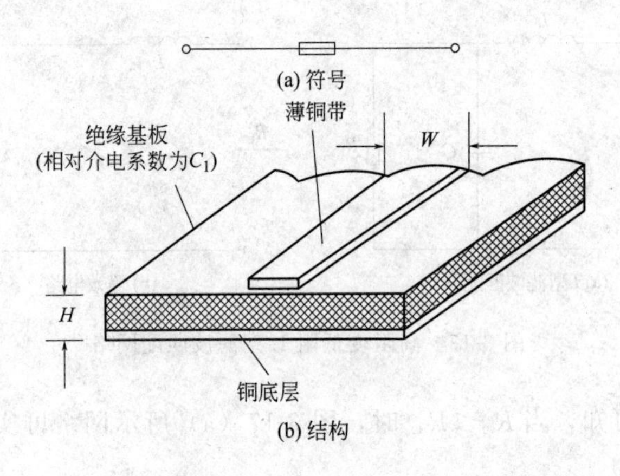

图3-19　微带线结构和符号

微带线的电性能，如特性阻抗、带内波长、损耗和功率容量等，与绝缘基板的介电系数、基板厚度H和带状导体宽度W有关。实际使用时，微带线采用双面敷铜板，在上面作出各种图形，构成电感、电容等各种微带元件，从而组成谐振电路、滤波器以及阻抗变换器等。

3.4.3　谐振功率放大器实际电路

图3-20所示工作频率为175MHz的两级谐振功率放大电路的组成及元器件参数。

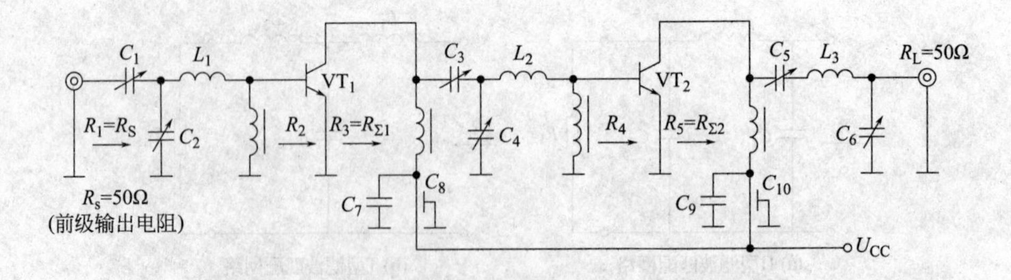

图3-20　工作频率为175MHz的两级谐振功率放大电路

两级功放的输入馈电方式均为自给负偏压，输出馈电方式均为并馈。

此电路输入功率$P_i=1W$，输出功率$P_o=12W$，信号源阻抗$R_S=50\Omega$，负载$R_L=50\Omega$。其中第一级输出功率$P_{o1}=4W$，电源电压$U_{CC}=13.5$（V）。

例：两级功放管分别采用 3DA21A 和 3DA22A，均工作在临界状态，饱和压降分别为 1V 和 15V。各项指标满足安全工作条件。如何设计合理的匹配网络？

解：根据已知条件，可以计算出各级回路等效总阻抗分别为

$$R_{\Sigma 1}=\frac{U_{\mathrm{Cm1}}^2}{2P_{\mathrm{o1}}}=\frac{(13.5-1)^2}{2\times 4}=20(\Omega)$$

$$R_{\Sigma 2}=\frac{U_{\mathrm{Cm2}}^2}{2P_{\mathrm{o}}}=\frac{(13.5-1.5)^2}{2\times 12}=6(\Omega)$$

由于 3DA21A 和 3DA22A 的输入阻抗分别为 $R_2=7\Omega$ 和 $R_4=5\Omega$，因此 $R_S\neq R_2$，$R_{\Sigma 1}\neq R_4$，$R_{\Sigma 2}\neq R_L$，即不满足匹配条件，所以在信号源与第一级放大器之间、第一级放大器与第二级放大器之间分别加入 T 型选频匹配网络（C_1、C_2、L_1 和 C_3、C_4、L_2），在第二级放大器与负载之间加入倒 L 型选频匹配网络（C_5、L_3、C_6）。三个选频匹配网络在 175MHz 工作频率点的输入阻抗分别是 R_1、R_3、R_5。且有 $R_1=R_S=50\Omega$，$R_3=R_{\Sigma 1}=20\Omega$，$R_5=R_{\Sigma 2}=6\Omega$。

高频大功率晶体管的等效电路与用作小信号放大的高频小功率晶体管的等效电路不一样，比较复杂。工作在高频段时，功放管的输入电容可以忽略，仅考虑输入电阻即可；而输出电阻很大，可以忽略，只需要考虑输出电容。在设计匹配网络时应注意这一点。

有关级间和输出匹配网络的公式推导较复杂，故此处不再讨论。

电路中四个高扼圈的电感量为 1μH 左右，其中两个作为基极直流偏置的组成元件，另外两个在集电极并馈电路中对集电极电流中的各次谐波分量起阻挡作用，并为集电极直流电源提供通路。高频旁路电容 C_7 和 C_9 的值均为 0.05μF，穿心电容 C_8 和 C_{10} 为 1500pF，它们使高次谐波分量短路接地。

3.5　其他高频功率放大器

丙类谐振功率放大器的效率高，但是只适用于单一工作频率，当需要改变工作频率时，必须改变其匹配网络的谐振频率，这往往比较困难。在移动通信机、电视差转机等电子设备中，工作频率的变化大或者工作频带很宽，这时丙类谐振功放就不适用了，必须采用无须调节工作频率的宽带高频功率放大器。

高频宽带功率放大器也称为非谐振功率放大器，放大器的负载不是谐振回路，而是宽频带变压器。宽带变压器有以下两种。

① 高频变压器。它采用铁氧体作为磁芯，可工作在短波波段，上限频率可达几十兆赫兹。

② 传输线变压器。这是一种将传输线原理与变压器原理相结合的高频匹配网络，

这种传输线变压器的上限截止频率最高可达上千兆赫兹，频率覆盖系数，即 f_H/f_L 可高达 10000（从几百 MHz 至 1000MHz 范围内）。

3.5.1 传输线变压器

传输线变压器是一种特殊的变压器，由绕在高导磁环上的传输线构成的，其中，传输线可以用同轴电缆，也可以用双绞线或带状线，它们都可看成两根等长的、相距很近的平行线，而且匝数很少，而磁环一般由镍锌铁氧体构成。图 3-21 所示为一个最简单的传输线变压器 1∶1 倒相传输线变压器结构，其中 1、3 为始端，2、4 为终端，而 1-2 端和 3-4 端分别构成了变压器的两个线圈。

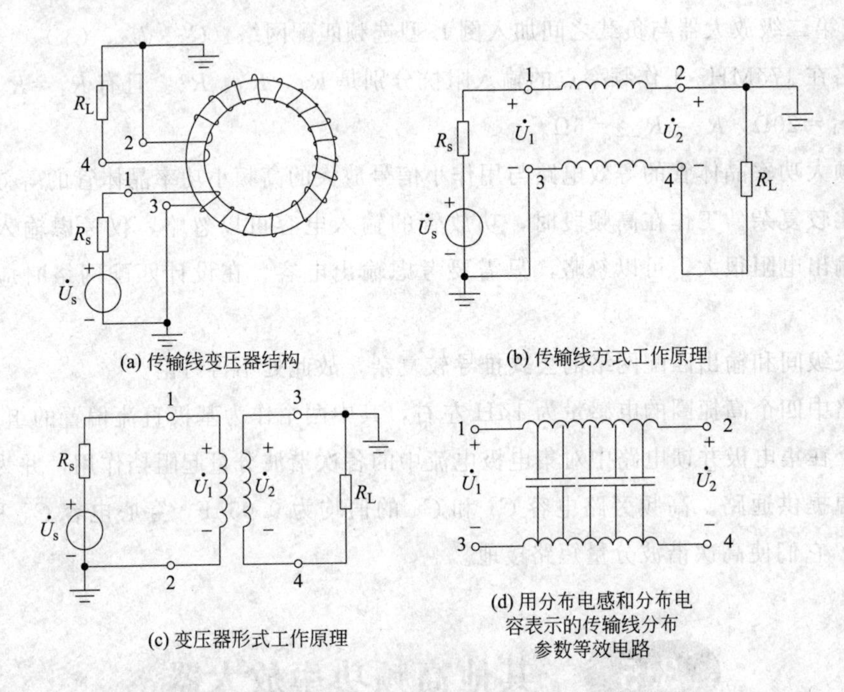

图 3-21　传输线变压器的结构示意图及等效电路

传输线变压器既有传输的特点，又有变压器的特点，是二者的结合统一。

传输线变压器具有极高的上线截止频率和极宽的工作频带。它由三大功能：一是实现平衡和不平衡的转换；二是完成传输线变压器的功能；三是作为阻抗变换器。

当工作在低频段时，由于信号波长远大于传输线长度，分布参数很小，可以忽略，故变压器方式起主要作用。由于磁芯的磁导率高，所以，虽传输线较短也能获得足够大的初级电感量，保证了传输线的低频特性较好。

当工作在高频段时，传输线方式起主要作用，在无耗匹配的情况下，上限频率将不受漏感、分布电容、高磁导率磁芯的限制。在实际情况下，虽然要做到严格无耗和匹配是很困难的，但上限频率仍可以达到很高。

以上分析可以看出，传输线变压器具有良好的宽频带特性。

3.5.2　宽带功率合成与分配网络

利用多个功率放大电路同时对输入信号进行放大，然后设法将各个功放的输出信号相加，这样得到的总输出功率可以远远大于单个功放电路的输出功率，这就是功率合成技术。

理想的功率合成器不但应具有功率合成的功能，还必须在输入端与前一级的功率放大器互相隔离，当其中某个功放损坏时，相邻的其他功放的工作状态不受影响，仅仅是功率合成器的输出总功率减小一些。

3.5.3　宽带高频功率放大器实例

图 3-22 所示为一个工作频率为 30～75MHz、输出功率为 75W 的功率放大器的部分电路，各传输线变压器和元器件的功能均标在图中。

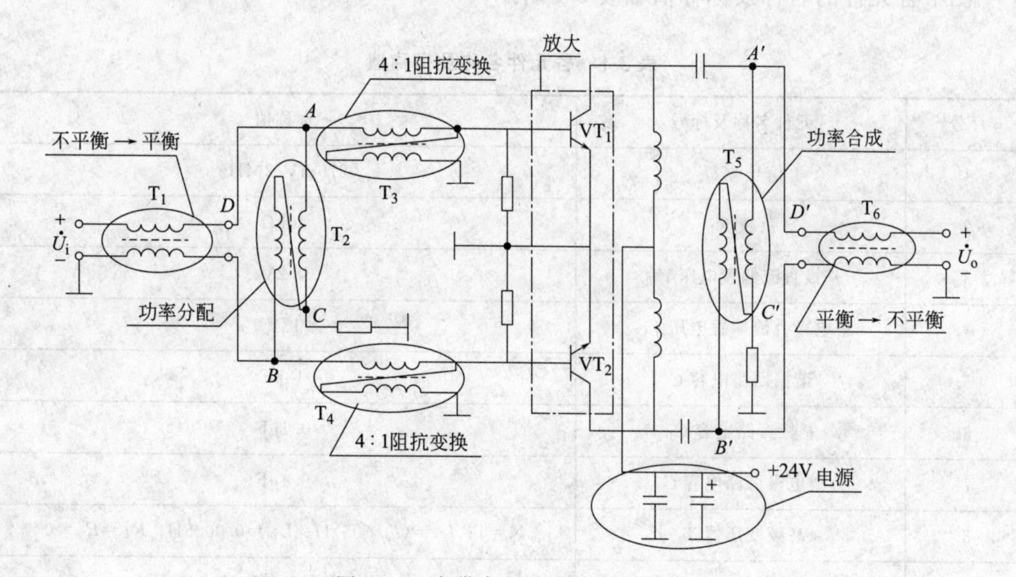

图 3-22　宽带高频功率放大器实例

仿真实验二　高频谐振功率放大器

一、仿真目的

1. 进一步熟悉 Multisim10（EWB）仿真软件的使用方法；
2. 测试高频谐振功率放大器的电路参数及性能指标；
3. 熟悉高频谐振功率放大器的三种工作状态及调整方法。

二、实验内容与步骤

1. 构造实验电路

利用 EWB 软件绘制图 3-23 所示的高频谐振功率放大器实验电路。

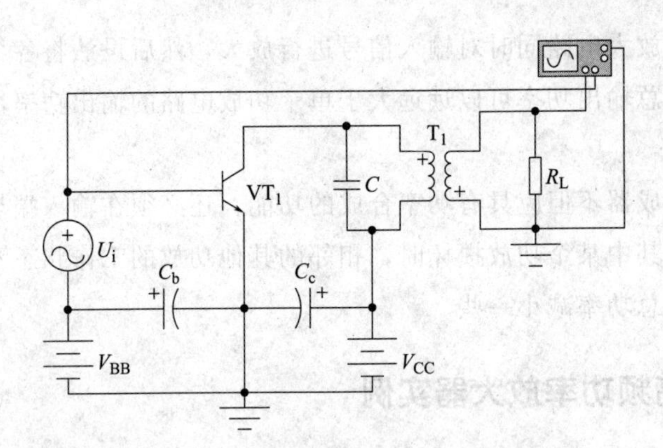

图 3-23　高频谐振功率放大器仿真电路图

图中各元件的名称及标称值如表 3-1 所示。

表 3-1　各元件名称及标称值

序号	元件名称及标号	标称值
1	信号源 U_i	270mV/2MHz
2	负载 R_L	10kΩ
3	基极直流偏置电压 V_{BB}	0.2V
4	集电极直流偏置电压 V_{CC}	12V
5	谐振回路电容 C	13pF
6	基极旁路电容 C_b	0.1μF
7	集电极旁路电容 C_c	0.1μF
8	高频变压器 T_1	$N=1$；$L_e=(l_e-05)$H；$L_m=0.0005$H；$R_P=R_S=0$
9	晶体管 VT_1	2N2222（3DG6）

2. 性能测试

（1）静态测试

选择“Analysi”→“DC Operating Point”，设置分析类型为直流分析，可得高频谐振功率放大器的静态工作点，如图 3-24 所示。

（2）动态测试：

1）输入输出电压波形

当接上信号源时，开启仿真器实验电源开关，双击示波器，调整适当的时基及 A、B 通道的灵敏度，即可看到如图 3-25 所示的输入、输出波形。

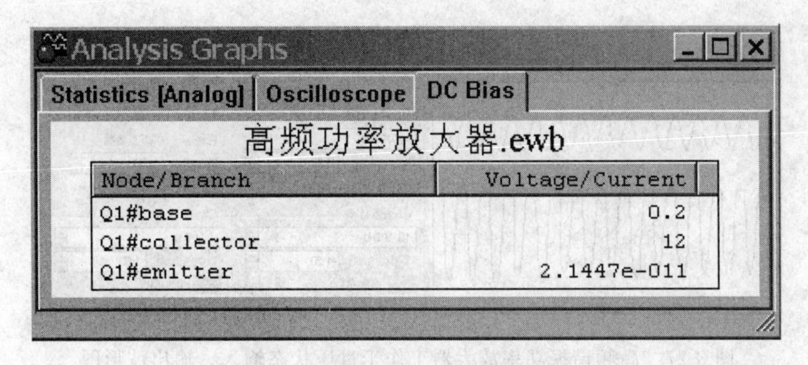

图 3-24　高频谐振功率放大器静态工作点

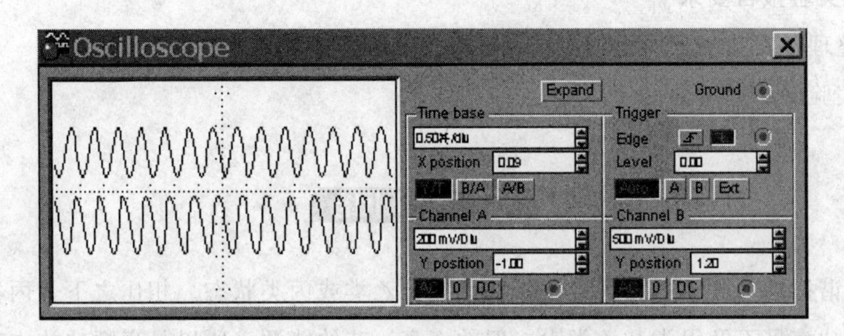

图 3-25　高频谐振功率放大器输入、输出波形图

2）调整工作状态

① 分别调整负载阻值为 5kΩ、100kΩ，可观测出输入输出信号波形的差异。

② 分别调整信号源输出信号频率为 1MHz、6.5MHz，可观测出谐振回路对不同频率信号的响应情况。

③ 分别调整信号源输出信号幅度为 100mV、400mV，可观测出高频功率放大器对不同幅值信号的响应情况。

图 3-26 和图 3-27 分别是高频谐振功率放大器工作于欠压和过压状态时的输入输出波形图。通过调整谐振回路电容或电感值，可观测出谐振回路的选频特性。

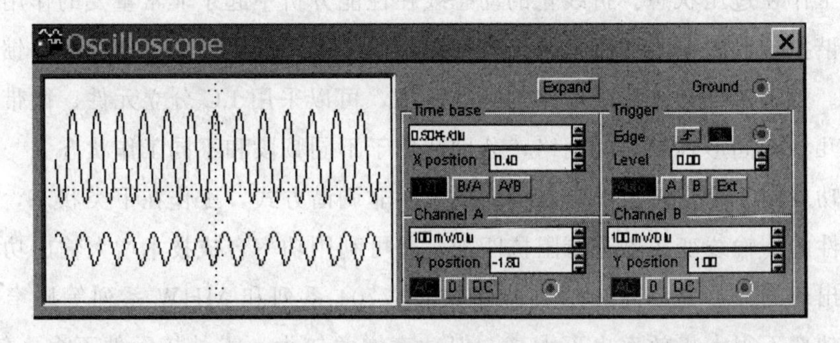

图 3-26　高频谐振功率放大器工作于欠压状态输入、输出波形图

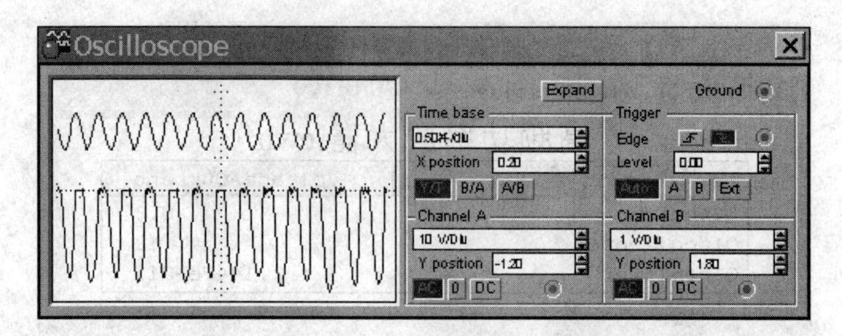

图 3-27　高频谐振功率放大器工作于过压状态输入、输出波形图

三、实验报告要求

① 整理各实验步骤所得的数据和波形，分析各实验步骤所得的结果。

② 实验的心得体会。

高频谐振功率放大电路可以工作在甲类、乙类或丙类状态。相比之下，丙类谐振功放的输出功率虽不及甲类和乙类大，但效率高，节约能源，所以是高频功放中经常选用的一种电路形式。

丙类谐振功放效率高的原因在于导通角 θ 小，也就是晶体管导通时间短，集电极功耗减小。但导通角 θ 越小，将导致输出功率越小。所以选择合适的 θ 角，是丙类谐振功放在兼顾效率和输出功率两个指标时的一个重要考虑。

折线分析法是工程上常用的一种近似方法。利用折线分析法可以对丙类谐振功放进行性能分析，得出它的负载特性、放大特性和调制特性。当丙类谐振功放用来放大等幅信号（如调频信号）时，应该工作在临界状态；当丙类谐振功放用来放大等幅信号（如调频信号）时，应该工作在临界状态；当用来放大非等幅信号（如调幅信号）时，应该工作在欠压状态；若用来进行基极调幅，应该工作在欠压状态；若用来进行集电极调幅，应该工作在过压状态。折线化的动态线在性能分析中起了非常重要的作用。

丙类谐振功放的输入回路常采用自给负偏压方式，输出回路有串馈和并馈两种直流馈电方式。为了实现和前后级电路的阻抗匹配，可以采用 LC 分立元件、微带线或传输线变压器几种不同形式的匹配网络，分别适用于不同频段和不同工作状态。

谐振功放属于窄带功放。带高频功放采用非调谐方式，工作在甲类状态，采用具有宽频带特性的传输线变压器进行阻抗匹配，并可利用功率合成技术增大输出功率。

目前出现的一些集成高频功放器件如 M57704 系列和 MHW 系列等属窄带谐振功放，输出功率不很大，效率也不太高，但功率增益较大，需外接元件不多，使用方便，可广泛用于一些移动通信系统和便携式仪器中。

思考与练习

1. 为什么低频功率放大器不能工作在丙类？而高频功率放大器则可以工作在丙类？

2. 丙类放大器为什么要用调谐回路作为集电极负载？回路为什么要调到谐振状态？回路失谐将如何变化？

3. 当谐振功率放大器的激励信号为正弦波时，集电极电流通常为余弦脉冲，而为什么能得到正弦电压输出？

4. 晶体管集电极效率是怎样确定的？若提高集电极效率应从何处下手？

5. 什么是丙类放大器的最佳负载？怎样确定最佳负载？

6. 导通角怎样确定？它与那些因素有关？导通角变化对丙类放大器输出功率有何影响？

7. 根据丙类放大器的工作原理定性分析电源电压变化时 I_{C0}、I_{C1}、I_{B0}、I_{B1} 的影响。

8. 谐振功率放大器原工作在临界状态，若外接负载突然断开，晶体管 I_{C0}、I_{Cm1} 如何变化？集电极损耗功率 P_C 将如何变化？对晶体管有否危险？

9. 什么是倍频器？倍频器在实际中有什么作用？

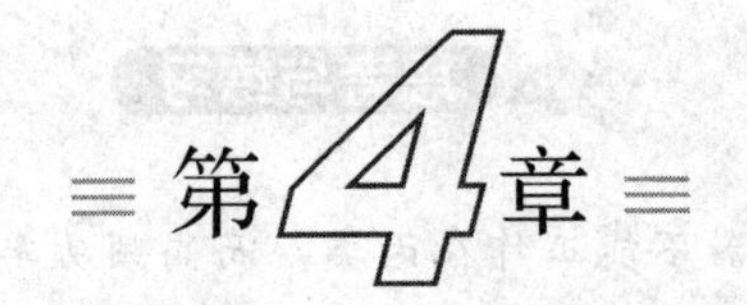

第4章 正弦波振荡器

4.1 概述

振荡器是一种能自动地将直流电源的能量转换为一定波形的交变振荡信号能量的电路。它与放大器的区别在于无须外加激励信号，就能产生具有一定频率、一定波形和一定振幅的交流信号。

根据产生的波形的不同，可将振荡器分成正弦波振荡器和非正弦波振荡器两大类。前者能产生正弦波，后者能产生矩形波、三角波、锯齿波等。本章仅介绍正弦波振荡器。

正弦波振荡器在无线电技术领域应用广泛。例如通信方面，正弦波振荡器可用来产生运载信息的载波，作为接收信号变频或解调时所需的本地振荡信号；在教学实验及电子测量仪器中，正弦波振荡器是必不可少的基准信号源；在自动控制中，振荡电路用来完成监控、报警、无触点开关控制以及定时控制；在遥控技术中，振荡电路产生各种频率的振荡电压，接收后经过识别，达到遥控的目的；在医学领域内，振荡电路可以产生脉冲电压，用于消除疼痛，疏通经络；在机械加工中，振荡电路产生的超声波进行材料探伤；在热处理中振荡电路产生大功率高频电能对负载加热等等。随着电子学的不断发展，振荡电路已作为一个实用功能电路应用到各种各样的仪器设备中，从而进入了社会的各个领域。

常用正弦波振荡器主要由决定振荡频率的选频网络和维持振荡的正反馈放大器组成的，这就是反馈型振荡器。按照选频网络所采用的元件不同，正弦波振荡器可分为 LC 振荡器、RC 振荡器和晶体振荡器等类型。其中 LC 振荡器和晶体振荡器用于产生高频正弦波，RC 振荡器用于产生低频正弦波，具体频段图如图 4-1 所示。正反馈放大器既可以由晶体管、场效应管等分立器件组成，也可以由集成电路组成，但前者的性能可以比后者做得更好些。且工作频率可以做得更高。

本章介绍高频振荡器时以分立器件为主，介绍低频振荡器时以集成运放为主。另外

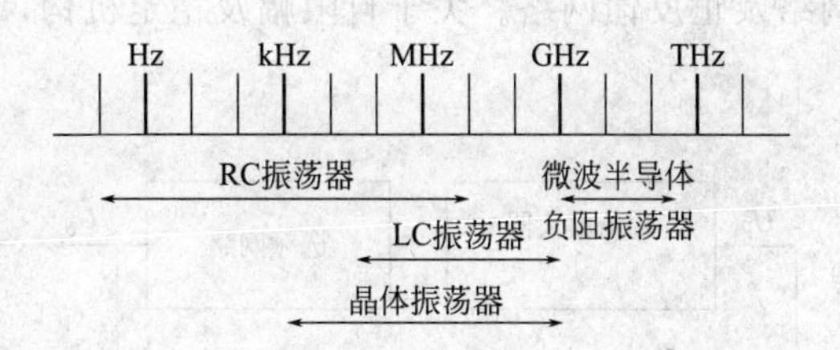

图 4-1　振荡器所产生正弦波的频段分布

还有一类负阻振荡器，它是利用负阻器件所组成的电路来产生正弦波，主要用在微波波段，本书不作介绍。

正弦波振荡器的主要性能指标是频率稳定度。随着现代电子技术的发展，对频率稳定度提出了越来越高的要求，因此，具有较高频率稳定度的晶体振荡器的应用日益广泛。

4.2　反馈式正弦波振荡器

4.2.1　反馈式正弦波振荡器的组成

任何一种反馈式正弦波自激振荡器，至少应包括以下四个组成部分。

① 具有功率增益的放大器。自激振荡器不但要对外输出功率，而且还要通过反馈网络供给自身的输入激励信号功率，因此，必须具有功率增益。当然，能量的来源与放大器一样，是由直流电源供给的。电子器件作为一个换能机构，把直流功率转换成交流功率，用以供给输出、本级输入以及电路损耗。

② 一个为放大器引入正反馈的反馈网络。要使电路能产生波形，必须对放大器引入正反馈，以满足自激振荡的条件。

③ 一个决定频率的网络。自激振荡器必须工作在某一固定的频率，一般在放大器的输出端接有一个决定振荡频率的选频网络，即只有在指定的频率上，通过输出网络及反馈网络才有闭环 360°相移的正反馈，其他频率不满足正反馈的条件。

④ 一个限幅稳定的机构。自激振荡器必须能自行起振，即在接通电源后，振荡器能从最初的暂态过渡到最后的稳态，并保持一定的输出幅度和波形。既然振荡要由小到大而最后自行稳定下来，因此振荡器系统必须有自限幅作用，否则就不可能得到最后的稳态。另一方面，一旦振荡已经建立，并达到稳态后，要求振荡器能稳定地维持振荡，不要由于偶然的因素而停振，或使振荡频率漂移。因此必须有幅度和频率的稳定机构。图 4-2 为一般的反馈式振荡器的组成框图。在框图中画出了具有功率增益的放大

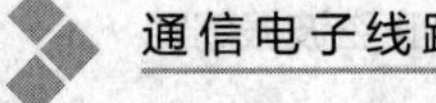

器、决定频率的选频网络及正反馈网络。关于自限幅及稳定机构，多与其他部分合在一起，故未单独画出。

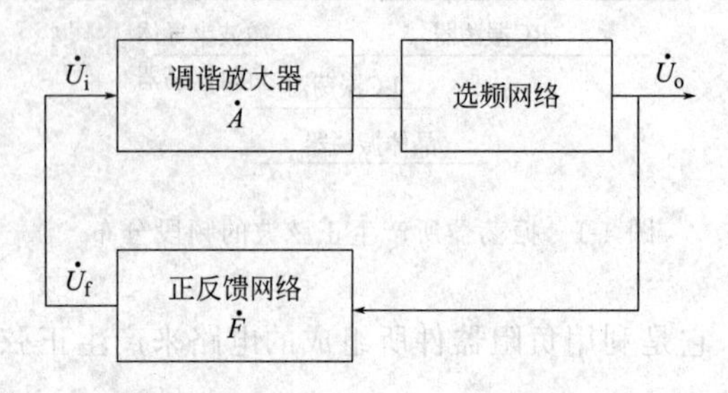

图 4-2　反馈式振荡器的组成框图

4.2.2　起振条件与平衡条件

4.2.2.1　起振过程

当接通电源时，回路内的各种微小的扰动电压经放大→选频→反馈→再放大→再选频→再反馈，振荡电压就会增长起来，建立起振荡。振荡的建立过程如图 4-3 所示。

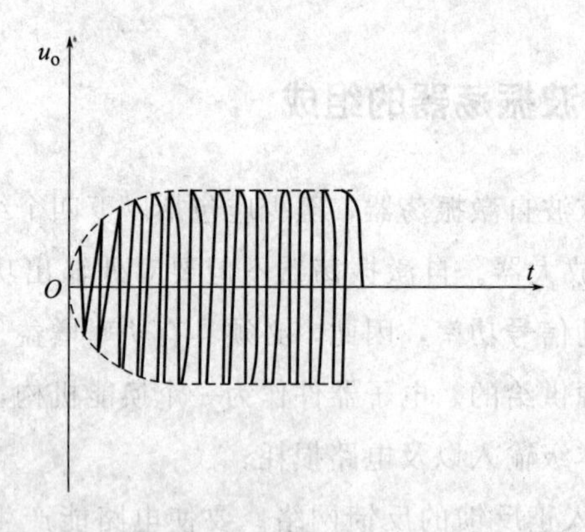

图 4-3　振荡的建立过程

4.2.2.2　起振条件

(1) 振幅起振条件

$$|AF|>1$$

物理意义是振荡为增幅振荡。

(2) 相位起振条件

$$\varphi_A+\varphi_F=2n\pi$$

物理意义是振荡器闭环相位差为零，即为正反馈。

4.2.3　振荡的平衡与平衡条件

4.2.3.1　平衡过程

刚起振时，增幅振荡，随着反馈回来的输入振幅的不断增大，谐振放大器进入非线性状态。非线性状态电压增益 A 随着振幅增大而降低，最后达到平衡。

4.2.3.2　振荡的平衡条件

（1）振幅平衡条件

$$|AF|=1$$

物理意义是等幅振荡。

（2）相位平衡条件

$$\varphi_A+\varphi_F=2n\pi$$

物理意义是振荡器闭环相位差为零，即为正反馈。

由于起振时 $AF>1$，平衡时 $AF=1$，因此 AF 就必须具有随输出信号振幅 U_{om} 或输入信号振幅 U_{im} 的增大而下降的特性，振荡环路中必须包含具有非线性特性的环节（稳幅环节），环节的作用可以由放大器实现，也可以由反馈网络实现。在大多数振荡器中，稳幅环节的作用是由放大器的非线性放大特性实现的，即放大倍数的模 A 随振幅 U_{om}（或 U_{im}）的增大而下降，随着振荡信号振幅的增大，放大管进入大信号的工作状态。由于放大倍数的模 A 逐渐下降，环路增益 AF 逐渐减小（反馈网络具有线性特性，因此 F 不变），于是输出振幅 U_{om} 的增大变缓，直至 AF 下降到 1 时，反馈电压振幅与原输入电压振幅相等，电路达到平衡状态，如图 4-4 中的 Q 点（称为平衡点），这时振荡器就输出频率为 f_0 振幅为 U_{omQ} 的等幅振荡电压。

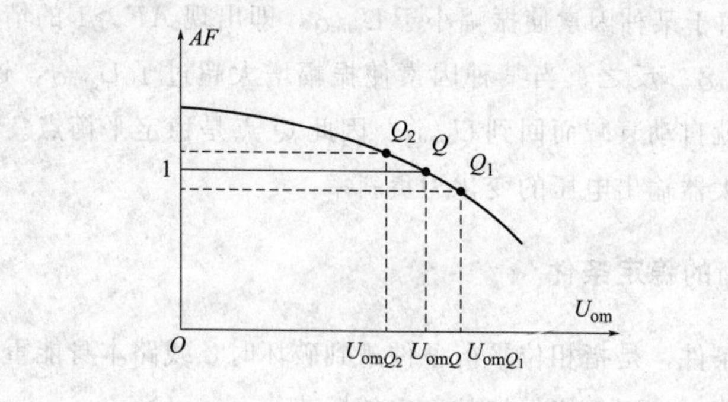

图 4-4　满足起振条件和平衡条件的 AF 特性

综上所述，反馈式正弦波振荡器必须在某一频率 f_0 处，既要满足平衡条件又要满足起振条件。如果只满足平衡条件，振荡就不会由小到大地建立起来；如果只满足起振条件，振荡信号的振幅就会无限地增长下去，显然这是不可能的。

最后还要指出，当振荡达到平衡状态时，电路不可避免地要受到外部因素（如电源电压、温度、湿度等）和内部因素（如噪声）变化的影响，这些因素将破坏已有的平衡条件。因此，为了产生持续的等幅振荡，还要求振荡器满足稳定条件，即具有当平衡状态被破坏后能自动恢复原来平衡状态的能力的条件。

4.2.4 振荡平衡状态的稳定条件

4.2.4.1 稳定平衡的概念

平衡状态有稳定平衡和不稳定平衡，如图 4-5 所示，振荡器工作时要处于稳定平衡状态。所谓稳定平衡，是指因某一外因的变化，振荡的原平衡条件遭到破坏，振荡器能在新的条件下建立新的平衡，当外因去掉后，电路能自动返回原平衡状态。平衡的稳定条件同样包含振幅稳定条件和相位稳定条件。

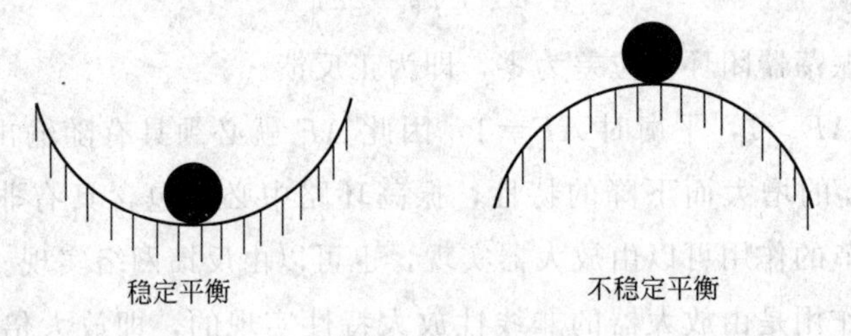

图 4-5 两种平衡状态举例

4.2.4.2 振幅平衡的稳定条件

要使振幅稳定，振荡器在其平衡点必须具有阻止振幅变化的能力。具体来说，就是在平衡点附近，当不稳定因素使振幅增大时，环路增益将减小，从而使振幅减小。如图 4-4 中 Q 点处假定由于某种因素使振幅小于 U_{omQ}，即出现 $AF>1$ 的情况，于是振幅就自动增强而回到 U_{omQ}。反之，当某种因素使振幅增大超过了 U_{omQ}，这时即有 $AF<1$ 的情况，于是振幅就自动衰减而回到 U_{omQ}。因此 Q 点是稳定平衡点。由此分析振幅稳定条件是 AF 随放大器输出电压的变化为负斜率。

4.2.4.3 相位平衡的稳定条件

所谓相位稳定条件，是指相位平衡条件遭到破坏时，线路本身能重新建立起相位平衡点的条件，若能建立，则仍能保持其稳定的振荡。

必须指出：相位稳定条件和频率稳定条件实质上是一回事。因为振荡的角频率是相位的变化率，即 $\omega=\frac{d\theta}{dt}$，所以当振荡器的相位变化时，频率也必然发生变化。

如果由于某种原因，相位平衡遭到破坏。产生了一个很小的相位增量 $\Delta\theta$，并且假定所产生的是一个正的增量 $\Delta\theta$，这就意味着反馈电压 $\dot{U}_f$ 超前于原有输入电压 $\dot{U}_i$ 一个相角。随着在每秒钟内循环次数的增加，反馈到基极上的电压的相位将一次比一次超前，周期不断地缩短。即相位超前导致频率升高，而相位滞后导致频率降低，频率随相位的变化关系可表示为

$$\frac{\Delta\omega}{\Delta\theta}>0$$

要保持振荡器相位平衡点的稳定，就必须在振荡频率发生变化时，使振荡器本身的某一机构具备恢复相位平衡的能力，即在振荡频率发生变化的同时，振荡电路中能够产生一个新的相位变化，而这个相位变化应该与外因引起的相位变化 $\Delta\theta$ 的符号相反，以削减或抵消由外因引起的相位变化。因此，这种频率变化所引起的相位改变，应满足 $\frac{\Delta\theta}{\Delta\omega}<0$ 的关系式。把它写成偏微分形式，即

$$\frac{\partial\theta}{\partial\omega}<0$$

上式是振荡器的频率（相位）的稳定条件，它说明只有谐振回路阻抗的相频特性曲线在工作频率附近具有负的斜率（或者说相位与频率的变化方向相反），才能满足频率稳定条件。

4.2.5 主要性能指标

由于正弦波振荡器产生一定频率和一定振幅的正弦信号，因此振荡频率 f_0 和输出振幅 U_{om} 是其主要性能指标。此外，还要求输出正弦信号的频率和振幅的稳定性好，波形失真小，因此频率稳定度、振幅稳定度和波形失真系数也是振荡器的主要性能指标。作为能量转换的装置，还要考虑振荡器的效率和最大输出功率。由于波形失真系数与非线性失真系数类似，而效率和输出功率已为读者熟悉，所以这里只讨论频率稳定度和振幅稳定度。

4.2.5.1 频率稳定度

评价一个振荡器频率的主要指标有频率准确度和频率稳定度两种。

(1) 频率准确度

振荡器实际工作频率 f 与标称频率 f_0 之间的偏差，称为振荡频率准确度。通常分为绝对频率稳定度和相对频率稳定度。

绝对准确度：

$$\Delta f=f-f_0$$

相对准确度：

$$\frac{\Delta f}{f_0}=\frac{f-f_0}{f_0}$$

(2) 频率稳定度

频率稳定度是指在规定的时间间隔内和规定的温度、湿度、电源电压等变化范围内，相对频率准确度变化的最大值（绝对值）。按照规定时间间隔的不同，频率稳定度分为长期频率稳定度、短期频率稳定度和瞬时频率稳定度。

长期频率稳定度一般是指一天以上甚至几个月的时间间隔内频率的相对变化。

短期频率稳定度一般是指一天以内，以小时、分钟或秒记的时间间隔内频率的相对变化。

瞬时频率稳定度一般是指秒或毫秒的时间间隔内频率的相对变化。

一般所说的频率稳定度是指短期稳定度。一般短波、超短波发射机的频率稳定度为 $10^{-4}\sim10^{-5}$，电视发射台的频率稳定度为 5×10^{-7} 左右。

4.2.5.2 振幅稳定度

振幅稳定度常用振幅的相对变化量 S 来表示，即

$$S=\frac{\Delta U_{\mathrm{om}}}{U_{\mathrm{om}}}$$

式中，U_{om} 为某一参考输出电压振幅，ΔU_{om} 是偏离该参考振幅 U_{om} 的值。

振幅稳定度与电源电压、元器件的参数和温度等的变化有关。

不同的应用场合，对振荡器性能指标的要求也不同。作为电信号发生器的振荡器，其主要性能指标是振荡频率的准确度和稳定度、振幅稳定度及振荡波形的失真系数，尤其以频率稳定度最为重要，因为频率稳定度达不到要求往往会导致电子设备不能正常工作。而作为高频能源（如高频感应加热炉、医用电疗仪器等）的振荡器，其主要指标则是效率和振荡输出功率，而对频率稳定度和准确度的要求不高。

4.3 LC 正弦波振荡器

以 LC 谐振（振荡）回路作为选频网络的反馈振荡器统称 LC 振荡器，按反馈耦合元件可以分为互感耦合振荡器和三点（端）式振荡器两大类。互感耦合振荡器的反馈网络由 L_1 与 L_2 间的互感 M 担任，因而称为互感耦合式反馈振荡器，也称为变压器耦合振荡器；三点式振荡器是指 LC 回路的三个端点与晶体管的三个电极分别连接而组成的一种振荡器，三点式振荡器包括电容三点式振荡器和电感三点式振荡器两种。其中：电容三点式振荡器是依靠电容产生反馈电压构成的振荡器；电感三点式振荡器是依靠电感产生反馈电压构成的振荡器。

4.3.1 互感耦合振荡电路

4.3.1.1 电路形式

互感耦合振荡电路有三种类型，见图 4-6。

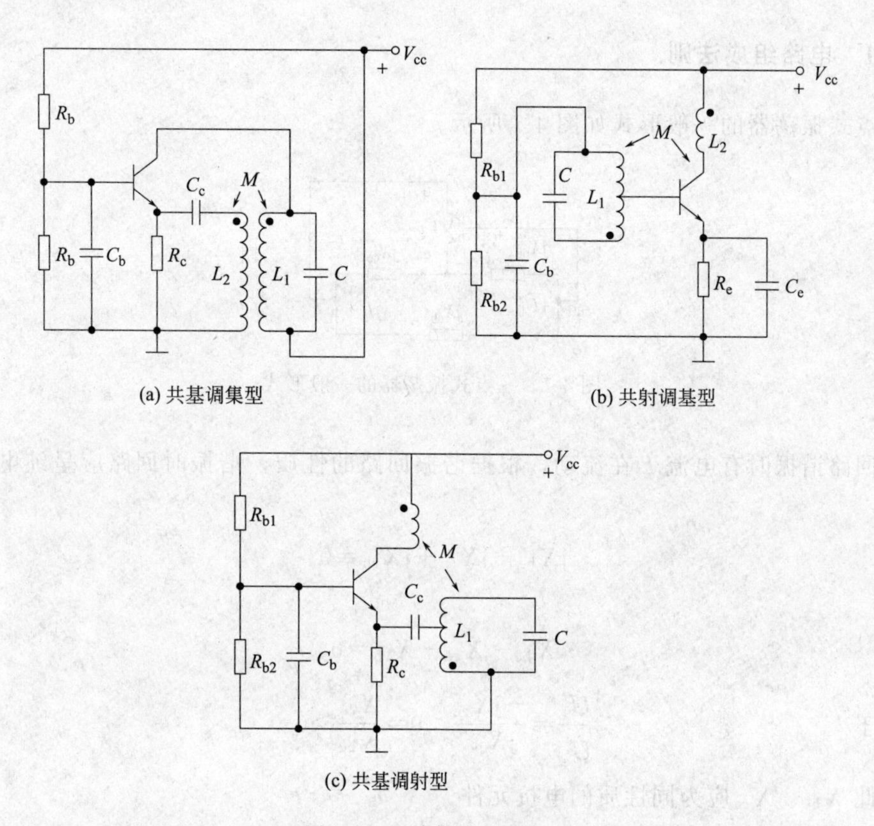

图 4-6 互感耦合振荡电路

4.3.1.2 判断振荡的方法

关键是判断相位平衡条件是否满足，通常首先采用瞬时极性法判断是否是正反馈。

4.3.1.3 电路的振荡频率

互感耦合振荡电路的振荡频率为

$$f_0 \approx \frac{1}{2\pi\sqrt{L_1 C}}$$

4.3.1.4 互感耦合振荡电路的特点

优点：互感耦合振荡电路在调整反馈时基本不影响振荡频率；

缺点：工作频率不易过高，应用于中短波段。

4.3.2 三点式振荡器

三点式振荡器电路用电容耦合或自耦变压器耦合代替互感耦合，可以克服互感耦合振荡器振荡频率低的缺点，是一种广泛应用的振荡电路，其工作频率可达到几百兆赫。

4.3.2.1 电路组成法则

三点式振荡器的一般形式如图 4-7 所示。

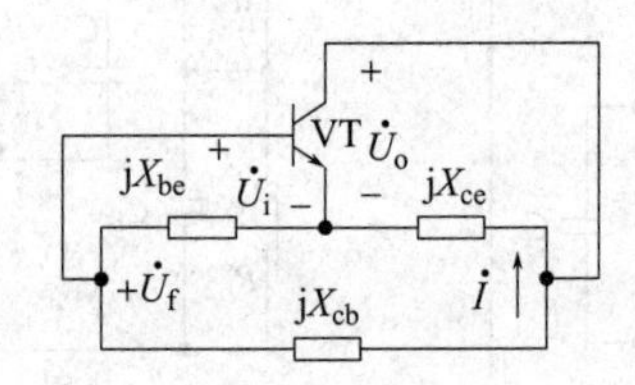

图 4-7 三点式振荡器的一般形式

设回路谐振时有电流 $\dot{I}$ 在流动，根据谐振回路的性质，谐振时回路应呈纯电阻性，则有：

$$jX_{be}+jX_{ce}+jX_{cb}=0$$

即

$$X_{be}+X_{ce}+X_{cb}=0$$

由于 $$\frac{\dot{U}_f}{\dot{U}_o}=\frac{-jX_{ce}}{jX_{be}}<0\Rightarrow\frac{X_{ce}}{X_{be}}>0$$

因此 X_{be}、X_{ce}应为同性质的电抗元件。

综上所述，在三点式电路中，LC 回路中与发射极相连接的两个电抗元件必须为同性质，另外一个电抗元件必须为异性质。这就是三点式电路组成的相位判断依据，或称为三点式电路的组成法则。

与发射极相连接的两个电抗元件同为电容时的三点式电路称为电容三点式电路，也称为考毕兹（Colpitts）电路，如图 4-8（a）所示。

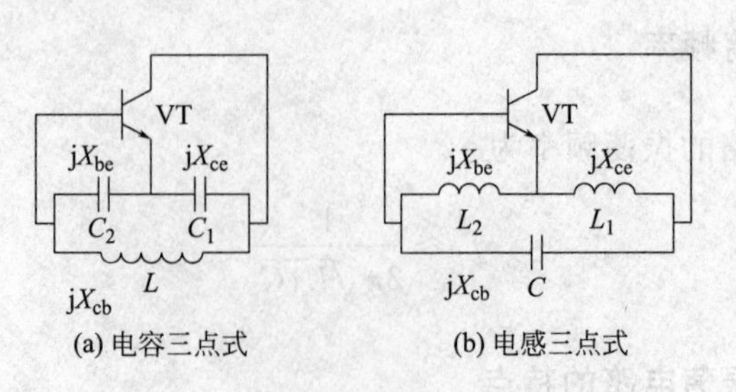

图 4-8 两种基本的三点式振荡器

与发射极相连接的两个电抗元件同为电感时的三点式电路，称为电感三点式电路，也称为哈特莱（Hartley）电路，如图 4-8（b）所示。

4.3.2.2　电容三点式振荡器

（1）交流通路的基本形式：

图 4-9 给出了一种电容三点式振荡器交流通路的基本形式，其中三极管三极分别与电容的三个引出端相连，反馈电压取自 C_2 上。

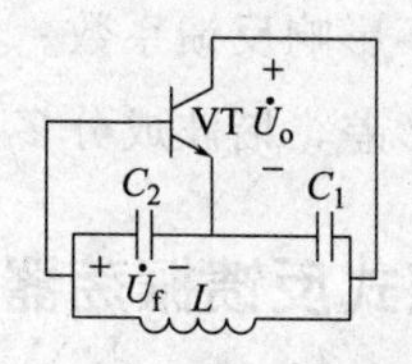

图 4-9　电容三点式振荡器交流通路的基本形式

（2）振荡频率

$$f_0=\frac{1}{2\pi\sqrt{LC}}$$

式中，$C=\dfrac{C_1C_2}{C_1+C_2}$。

（3）反馈系数

$$\dot{F}=\dot{U}_f/\dot{U}_o=-C_1/C_2$$

（4）电路特点

优点：高次谐波成分小，波形好。

缺点：调节频率影响反馈系数，受三极管等效输入电容和输出电容影响。

4.3.2.3　电感三点式振荡器

（1）交流通路的基本形式

图 4-10 给出了一种电感三点式振荡器交流通路的基本形式，三极管三个电极分别与电感三个引出端相连，反馈电压取自 L_2 上。

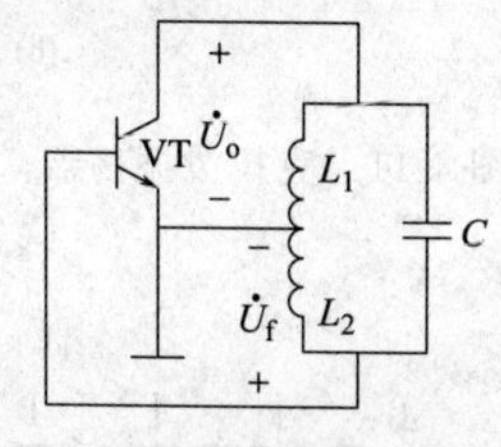

图 4-10　电感三点式振荡器交流通路的基本形式

(2) 振荡频率

$$f_0=\frac{1}{2\pi\sqrt{LC}}$$

(3) 反馈系数

$$\dot{F}=\dot{U}_f/\dot{U}_o=-(L_2+M)/(L_1+M)$$

(4) 电路特点

优点：易起振，调节频率基本不影响反馈系数。

缺点：采用电感反馈，输出波形差，谐波成分多。

4.3.3 两种改进型电容三点式反馈振荡器

前面分析了电容反馈振荡器和电感反馈振荡器的原理和特点。对于电容反馈振荡器：输出波形较好、输出频率较高，但振荡频率调节不方便；对于电感反馈振荡器：振荡频率调节比较方便，但输出波形较差、输出频率不能太高。

无论是电容反馈振荡器还是电感反馈振荡器，晶体管的极间电容均会对振荡频率有影响，而极间电容受环境温度、电源电压等因素的影响较大，故他们的频率稳定度不高，需要对其进行改进，因此得到两种改进型电容反馈振荡器——克拉泼（Clapp）振荡器和西勒（Siler）振荡器。

4.3.3.1 克拉泼振荡器

图 4-11（a）所示是克拉泼电路的实用电路，图 4-11（b）是其高频等效电路。与电容三点式电路比较，克拉泼电路的特点是在回路中增加了一个与 L 串联的电容 C_3。各电容取值必须满足：$C_3 \ll C_1$、C_2，这样可使电路的振荡频率近似只与 C_3、L 有关。

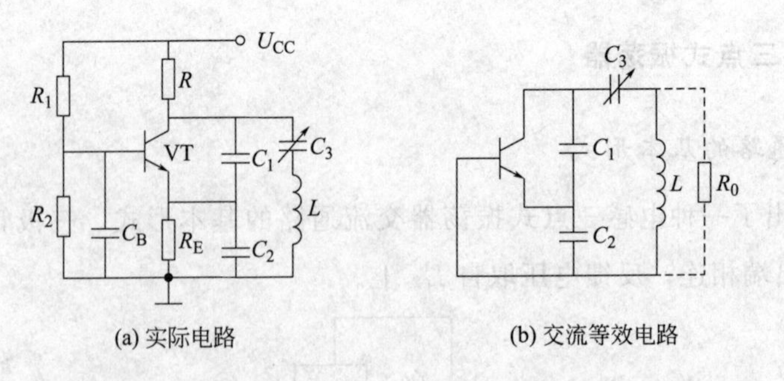

图 4-11 克拉泼振荡器

由图 4-11 可知：

$$\frac{1}{C}=\frac{1}{C_1}+\frac{1}{C_2}+\frac{1}{C_3}\approx\frac{1}{C_3}$$

即 $C \approx C_3$。

因为振荡频率 $f_0 = \dfrac{1}{2\pi\sqrt{LC}}$，所以克拉泼振荡器的振荡频率为

$$f_0 \approx \frac{1}{2\pi\sqrt{LC_3}}$$

反馈系数为

$$K_F = \frac{C_1}{C_2}$$

晶体管以部分接入的形式接入回路，减少了晶体管与回路间的耦合，其接入系数为

$$p = \frac{C}{C_1} \approx \frac{C_3}{C_1} \ll 1$$

设并联谐振回路（电感两端）的谐振阻抗为 R_0，则等效到晶体管 c、e 两端的负载电阻为

$$R_L = p^2 R_0 \approx \left(\frac{C_3}{C_1}\right)^2 R_0$$

因此，C_1 过大，负载电阻 R_L 将很小，放大器的增益就低，环路增益就小，可能导致振荡器停振。

由上面分析可得：

① 由于电容 C_3 远小于电容 C_1、C_2，所以电容 C_1、C_2 对振荡器的振荡频率影响不大，因此可以通过调节 C_3 调节振荡频率。

② 由于反馈回路的反馈系数仅由 C_1 与 C_2 的比值决定，所以调节振荡频率不会影响反馈系数。

③ 由于晶体管的极间电容与 C_1、C_2 并联，因此极间电容的变化对振荡频率的影响很小。

④ 由 $R_L = p^2 R_0 \approx \left(\dfrac{C_3}{C_1}\right)^2 R_0$ 可知，当通过调节 C_3 调节振荡频率时，负载电阻 R_L 将随之改变，导致放大器的增益变化，因此调节频率时有可能因环路增益不足而停振，故主要用于固定频率或窄带的场合，不适合于作波段振荡器。

4.3.3.2 西勒振荡器

针对克拉泼电路的缺陷，出现了另一种改进型电容三点式电路——西勒电路。图 4-12（a）所示是其实际电路，图 4-12（b）所示是其高频等效电路。

西勒电路是在克拉泼电路基础上，在电感 L 两端并联了一个小电容 C_4，且电容值 C_1 和 C_2 远大于 C_3 和 C_4，所以其回路等效电容为

$$C = \frac{1}{\dfrac{1}{C_1} + \dfrac{1}{C_2} + \dfrac{1}{C_3}} + C_4 \approx C_3 + C_4$$

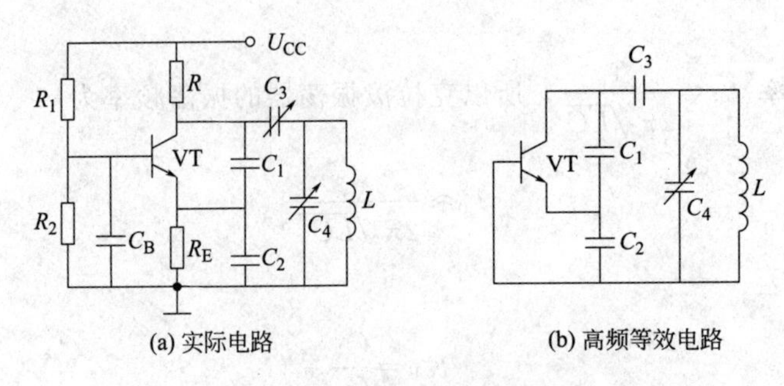

图 4-12 西勒振荡器

振荡器的振荡频率为

$$f_0 \approx \frac{1}{2\pi\sqrt{L(C_3+C_4)}}$$

电路特点：

① 通过调节 C_4 实现振荡频率的调节。

② C_4 的改变不会影响接入系数和反馈系数。

③ 适合于振荡频率需要在较宽范围内可调的场合（最高振荡频率/最低振荡频率可达 1.6～1.8）。

④ 其他特点同克拉泼电路。

将四种三点式振荡器的性能作比较，如表 4-1 所示。

表 4-1 四种三点式振荡器的比较

性能指标	哈特莱电路	考毕兹电路	克拉泼电路	西勒电路
决定频率元件	$L=L_1+L_2$ C	L $C=C_1 /\!/ C_2$	L $C\approx C_3$	L $C\approx C_3+C_4$
波形	差	好	好	好
共发反馈系数	L_2/L_1	C_1/C_2	C_1/C_2	C_1/C_2
频率可调	可以	不方便	方便 幅度不稳	方便 幅度稳定
频率稳定度	差	差	好	好
最高振荡频率	10^2 MHz	10^4 MHz 频率提高，稳定度下降	10^3 MHz 频率提高，幅度下降	10^4 MHz

本节所介绍的 LC 振荡器均采用 LC 元件作为选频网络。由于 LC 元件的标准性较差，因而谐振回路的 Q 值较低，空载 Q 值一般不超过 300，有载 Q 值就更低。所以 LC 振荡器的频率稳定度不高，一般为 10^{-3} 量级，即使是克拉泼电路和西勒电路也只能达到 10^{-4}～10^{-5} 量级。如果需要频率稳定度更高的振荡器，可以采用石英晶体振荡器。

4.4 石英晶体振荡器

随着现代科学技术的发展，人们对振荡器的稳定度要求越来越高。LC 振荡器回路的 Q 值不能做得很高，而石英晶体的 Q 值可以做得很高，所以石英晶体振荡器的频率稳定度可达 10^{-10}～10^{-11}量级，得到极为广泛的应用。

将石英晶体作为高 Q 值谐振回路元件接入正反馈电路中，就组成了石英晶体振荡器。根据石英晶体在振荡器中的作用原理，石英晶体振荡器可分为两类：一类是将其作为高品质的电感用在三点式电路中，工作在感性区，称为并联型晶体振荡器，分析方法和 LC 三点式振荡器相同；另一类是将其作为一个高选择性的短路元件串接于正反馈支路上，工作在它的串联谐振频率上，称为串联型晶体振荡器。

常见的并联型晶体振荡器包括皮尔斯（Pierce）振荡器、密勒（Miller）振荡器和并联泛音振荡器。

4.4.1 Pierce（皮尔斯）振荡器

并联型晶体振荡器的工作原理和三点式振荡器相同，只是将其中一个电感元件换成石英晶体。石英晶体可接在晶体管 c、b 极之间或 b、e 极之间，所组成的电路分别称为皮尔斯振荡电路和密勒振荡电路。

皮尔斯振荡器是最常用的振荡电路之一，图 4-13（a）所示是皮尔斯振荡器，图 4-13（b）所示是其高频等效电路，其中虚线框内是石英晶振的等效电路。

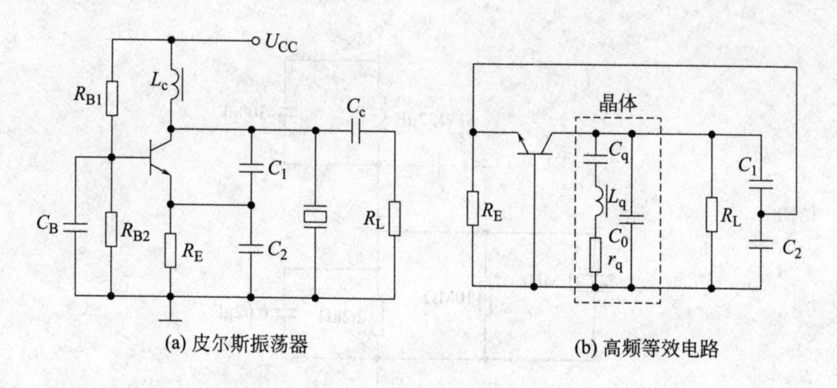

图 4-13　皮尔斯振荡器

由图 4-13（b）可以看出，皮尔斯电路类似于克拉泼电路，但由于石英晶振中 C_q 极小，Q_q 极高，所以皮尔斯电路具有以下一些特点：

① 振荡回路与晶体管、负载之间的耦合很弱。晶体管 c、b 端，c、e 端和 e、b 端

的接人系数一般均小于 $10^{-3} \sim 10^{-4}$，所以外电路中的不稳定参数对振荡回路影响很小，提高了回路的标准性。

② 振荡频率几乎由石英晶振的参数决定，而石英晶振本身的参数具有高度的稳定性。

$$\text{振荡频率 } f_0 = \frac{1}{2\pi\sqrt{L_q \dfrac{C_q(c_0+c_1)}{c_q+c_0+c_L}}} = f_s\sqrt{1+\frac{c_q}{c_0+c_L}}$$

其中 c_L 是和晶振两端并联的外电路各电容的等效值，即根据产品要求的负载电容。在实用时，一般需加入微调电容，用以微调回路的谐振频率，保证电路工作在晶振外壳上所注明的标称频率 f_N 上。

③ 由于振荡频率 f_0 一般调谐在标称频率 f_N 上，位于晶振的感性区内，电抗曲线陡峭，稳频性能极好。

④ 由于晶振的 Q 值和特性阻抗 $\rho=\sqrt{L_q/c_q}$ 都很高，所以晶振的谐振电阻也很高，一般可达 $10^{10}\Omega$ 以上。这样即使外电路接入系数很小，此谐振电阻等效到晶体管输出端的阻抗仍很大，使晶体管的电压增益能满足振幅起振条件的要求。

4.4.2 Miller（密勒）振荡器

图 4-14 所示是密勒振荡器。石英晶体作为电感元件连接在栅极和源极之间，LC 并联回路在振荡频率点等效为电感，作为另一电感元件连接在漏极和源极之间，极间电容 C_{gd} 作为构成电感三点式电路中的电容元件。由于 C_{gd} 又称为密勒电容，故此电路有密勒振荡电路之称。

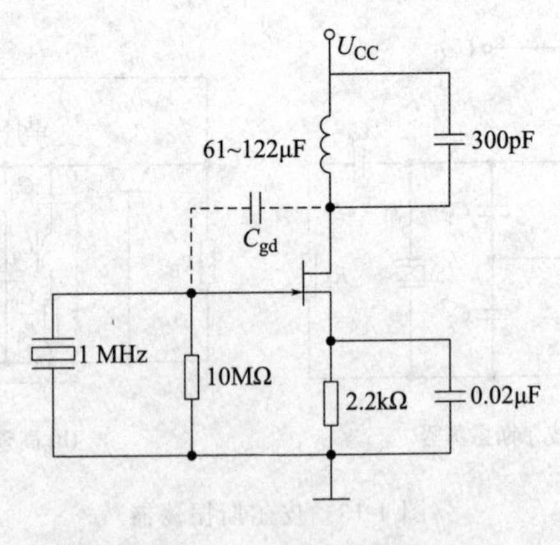

图 4-14　密勒振荡器

密勒振荡电路通常不采用晶体管，原因是正向偏置时高频晶体管发射结电阻太小，虽然晶振与发射结的耦合很弱，但也会在一定程度上降低回路的标准性和频率的稳定性，所以采用输入阻抗高的场效应管。

4.4.3 其他类型的石英晶体振荡器

4.4.3.1 并联型泛音振荡器

在石英晶振的完整等效电路中，不仅包含了基频串联谐振支路，还包括了其他奇次谐波的串联谐振支路，这就是前面所说的石英晶振的多谐性。但泛音晶体所工作的奇次谐波频率越高，可能获得的机械振荡和相应的电振荡越弱。

在工作频率较高的晶体振荡器中，多采用泛音晶体振荡电路。泛音晶振电路与基频晶振电路有些不同。在泛音晶振电路中，为了保证振荡器能准确地振荡在所需要的奇次泛音上，不但必须有效地抑制掉基频和低次泛音上的寄生振荡，而且必须正确地调节电路的环路增益，使其在工作泛音频率上略大于1，满足起振条件，而在更高的泛音频率上都小于1，不满足起振条件。

在实际应用时，可在三点式振荡电路中，用一选频回路来代替某一支路上的电抗元件，使这一支路在基频和低次泛音上呈现的电抗性质不满足三点式振荡器的组成法则，不能起振；而在所需要的泛音频率上呈现的电抗性质恰好满足组成法则，容易起振。

泛音晶振电路有串联型和并联型两种。图4-15给出了一种并联型泛音晶体振荡电路。假设泛音晶振为五次泛音，标称频率为5MHz，基频为1MHz，则L_1C_1回路必须调谐在三次和五次泛音频率之间。这样，在5MHz频率上，L_1C_1回路呈容性，振荡电路满足组成法则。对于基频和三次泛音频率来说，L_1C_1回路呈感性，电路不符合组成法则，不能起振。

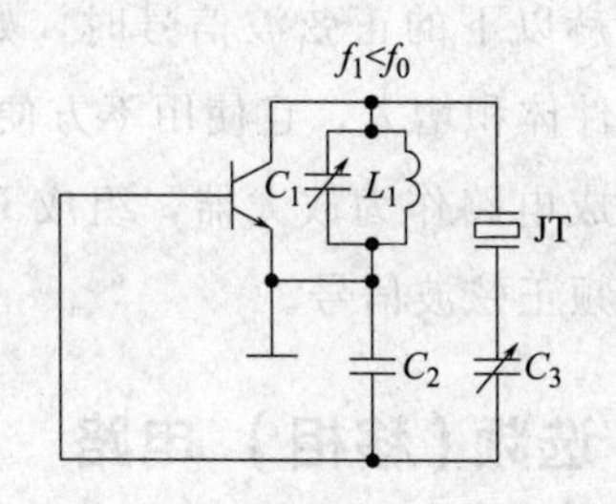

图4-15　并联型泛音晶体振荡电路

而在七次及其以上泛音频率，L_1C_1回路虽呈现容性，但等效容抗减小，从而使电路的电压放大倍数减小，环路增益小于1，不满足振幅起振条件。

即：L_1C_1回路谐振频率必须设计在回路对应n次泛音和$n-2$次泛音之间。

4.4.3.2 串联型晶体振荡器

串联型晶体振荡器中，晶体接在振荡器要求低阻抗的两点之间，通常接在反馈电路中，图4-16是一种串联型晶体振荡器的实际电路和交流等效电路。

由图4-16可见，如果晶体短路，该电路即为一电容反馈振荡器。当回路的谐振频

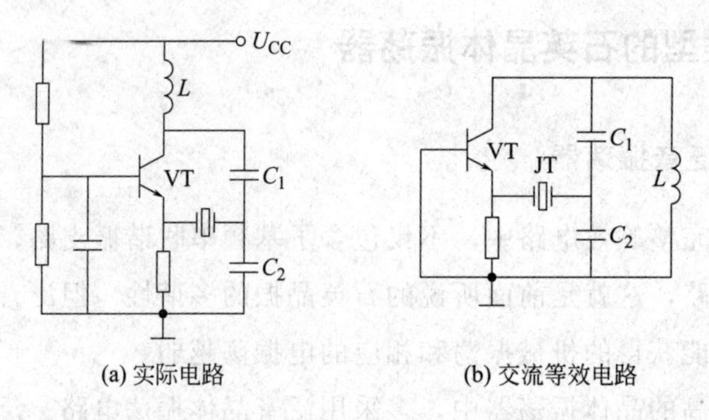

图 4-16　一种串联型晶体振荡器

率等于晶体的串联谐振频率时，晶体的阻抗最小，近似为一短路线，电路满足相位条件和振幅条件，故能正常工作；当回路的谐振频率距串联谐振频率较远时，晶体的阻抗很大，使反馈减弱，从而使电路不能满足振幅条件，电路不能工作。串联型晶体振荡器的工作频率等于晶体的串联谐振频率，不需要外加负载电容 C_L，通常这种晶体振荡器标明其负载电容为无穷大，在实际制作中，若 f_S 有小的误差，则可以通过回路调谐来微调。

串联型晶体振荡器能适应高次泛音工作，这是由于这种振荡器只起到控制频率的作用，对于回路没有影响，只要电路能正常工作，输出幅度就不受晶体控制。

4.5　RC 振荡器

当要求产生频率在几十千赫以下的正弦波信号时，如仍采用 LC 回路作选频网络，则所需回路电感量很大，使元件体积增大，且使用不方便。这时可以改用 RC 电路作选频网络，同时采用晶体管或集成电路作为放大器，组成 RC 振荡器。RC 振荡器也是一种反馈型振荡器，用于产生低频正弦波信号。

4.5.1　三种常用的 RC 选频（移相）电路

4.5.1.1　RC 导前移相电路

导前移相电路如图 4-17 所示。

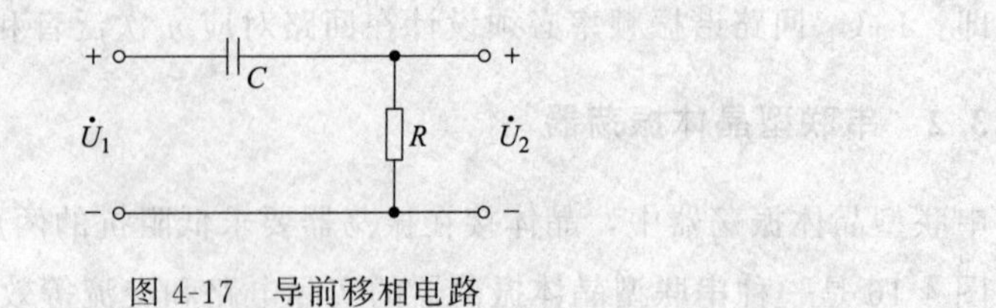

图 4-17　导前移相电路

电路特点：

$$A=\frac{\dot{U}_2}{\dot{U}_1}=|A|\angle\varphi$$

$$\varphi=\frac{\pi}{2}-\tan^{-1}\frac{\omega}{\omega_0}$$

$\dot{U}_2$ 超前 $\dot{U}_1$ 为 φ（$0<\varphi<\frac{\pi}{2}$）。

4.5.1.2 RC 滞后移相电路

图 4-18 所示为滞后移相电路。

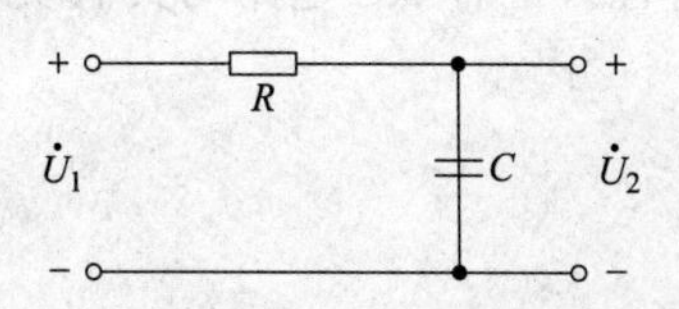

图 4-18 滞后移相电路

电路特点：

$$A=\frac{\dot{U}_2}{\dot{U}_1}=|A|\angle\varphi$$

$$\varphi=-\tan^{-1}\frac{\omega}{\omega_0}$$

$\dot{U}_2$ 滞后 $\dot{U}_1$ 为 φ（$0<\varphi<\frac{\pi}{2}$）。

4.5.1.3 RC 串并联选频电路

RC 串并联选频电路如图 4-19 所示。

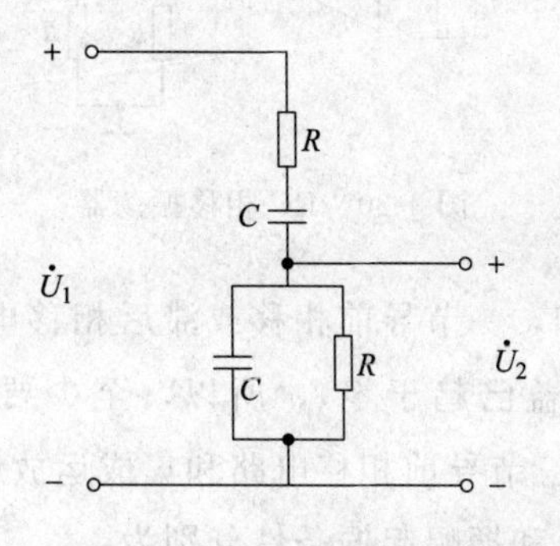

图 4-19 RC 串并联选频电路

电路特点：

$$A=\frac{\dot{U}_2}{\dot{U}_1}$$

$$A=\frac{1}{3}\frac{1}{\sqrt{1+\left(\frac{\frac{\omega}{\omega_0}-\frac{\omega_0}{\omega}}{3}\right)^2}}\angle-\arctan\left(\frac{\frac{\omega}{\omega_0}-\frac{\omega_0}{\omega}}{3}\right)$$

当 $\omega=\omega_0=\frac{1}{RC}$时，$A=\frac{1}{3}$，$\varphi=0°$

综上所述，导前移相电路和滞后移相电路分别具有高通滤波和低通滤波的特性，串并联选频电路具有带通滤波特性。三种 RC 电路均具有负斜率的相频特性，满足振荡器的相位稳定条件。

4.5.2 RC 振荡电路

RC 振荡电路主要包括两大类：RC 相移振荡器和文氏电桥振荡器。

4.5.2.1 RC 相移振荡器

图 4-20 为一超前相移的 RC 相移振荡器电路。它是由集成运算放大器构成的，输出电压经 RC 相移器反馈到集成运算放大器的反相输入端，因此输出信号的相位与输入端的相位差为 180°，所以，从输出端反馈到输入端必须再倒相 180°，才能满足相位平衡条件。这就要求 RC 相移器必须把集成运放的输出电压相移 180°后，再加到输入端。

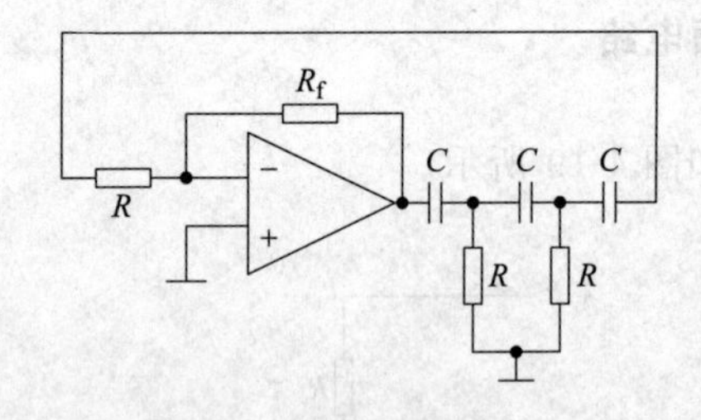

图 4-20 RC 相移振荡器

由图 4-18 或图 4-19 可知，一节导前相移或滞后相移电路实际能产生的相移量小于 90°（当相移趋近 90°时，增益已趋于零），所以，至少要三节 RC 相移电路才能产生 180°相移。图 4-20 给出了由三节导前相移电路和集成运放组成的 RC 相移振荡器。

该振荡器的振荡频率 f_0 和振幅起振条件分别为：

$$f_0=\frac{1}{2\pi\sqrt{6}RC}$$

$$\frac{R_f}{R}>29$$

由此可知，要想得到良好的振荡波形和稳定的输出，放大器的增益应能自动保持为29，因此在实际上常加入自动控制增益电路。

RC相移振荡器结构简单，经济方便，但改变频率不方便。RC相移振荡器采用内稳幅振荡电路，选频性能很差，输出波形不好，频率稳定度低，只能用在性能要求不高的设备中。为了克服相移振荡器的上述缺点，常采用文氏电桥振荡器。

4.5.2.2 文氏电桥振荡器

串并联选频电路在 $\omega=\omega_0$ 处的相移为零，所以，为了形成正反馈，必须采用同相放大器。通常可以采用两级共射电路组成，或者采用同相集成运算放大器，后者所组成的振荡电路如图4-21（a）所示，图4-21（a）图可以改成如图4-21（b）图所示的文氏电桥电路形式，因而称为文氏电桥振荡器。

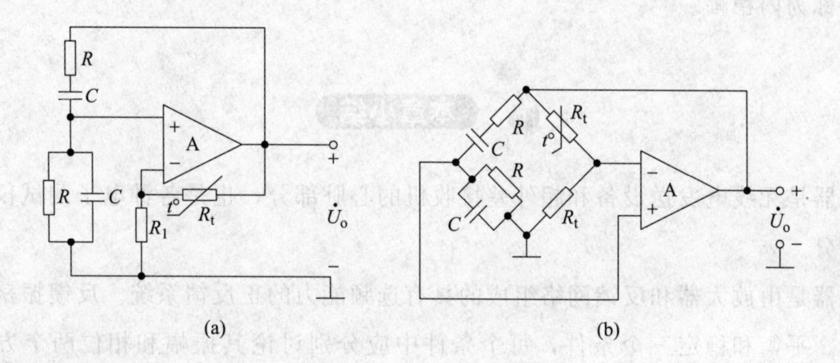

图4-21　文氏电桥振荡器

文氏电桥振荡器的反馈系数（即串并联选频电路的传输系数）为

$$\dot{F}=\frac{1}{3+\mathrm{j}\left(\frac{\omega}{\omega_0}-\frac{\omega_0}{\omega}\right)}$$

其中振荡角频率：

$$\omega_0=\frac{1}{RC}\text{或}f_0=\frac{1}{2\pi RC}$$

所以

$$F=\frac{1}{\sqrt{9+\left(\frac{\omega}{\omega_0}-\frac{\omega_0}{\omega}\right)^2}}$$

串并联选频电路的幅频特性不对称，且选择性较差。由于串并联选频电路组成的反馈网络在振荡频率 f_0 处的增益为1/3，所以同相运放的起始增益必须大于3，才能满足环路增益大于1的振幅起振条件。LC振荡器的振幅平衡和稳定条件是依靠晶体管的非线性特性来满足的，而文氏电桥振荡器由于串并联选频电路的选频特性差，不能有效地滤除高次谐波分量，所以，放大器必须工作在线性区，才能保证输出波形非线性失真小。为此，采用了以下两个方法：

① 引入负反馈以减小和限制放大器的增益，使在开始时放大器增益略大于3，这样，环路增益仅在振荡频率 f_0 及其附近很窄的频率段略大于1，满足振幅起振条件，而在其余频段均不满足正反馈振幅起振条件。

② 在负反馈支路上采用具有负温度系数的热敏电阻，如图4-21（a）中的 R_t。起振后，振荡电压振幅逐渐增大，加在 R_t 上的平均功率增加，温度升高，使 R_t 阻值减小，负反馈加深，放大器增益迅速下降。这样，放大器在线性工作区就会具有随振幅增加而增益下降的特性，满足振幅平衡和稳定条件。

可见，文氏电桥振荡器是依靠外加热敏电阻形成可变负反馈来实现振幅的平衡和稳定，这种方法称为外稳幅；而像LC振荡器那样依靠晶体管本身的非线性特性来稳定振幅的方法称为内稳幅。

振荡器是无线电发送设备和超外差接收机的心脏部分，也是各种电子测试仪器的主要组成部分。

振荡器是由放大器和反馈网络组成的具有选频能力的正反馈系统。反馈振荡器必须满足起振、平衡和稳定三个条件，每个条件中应分别讨论其振幅和相位两个方面的要求。在振荡频率点，环路增益的幅值在起振时必须大于1，且具有负斜率的增益—振幅特性，这是振幅方面的要求。在振荡频率点，环路增益的相位应为2π的整数倍，且具有负斜率的相频特性，这是相位方面的要求。

反馈式正弦波振荡器有LC、RC和晶体振荡器三种。

LC振荡器分为变压器反馈式和三点式振荡器。三点式振荡电路是LC正弦波振荡器的主要形式，可分成电容三点式和电感三点式两种基本类型。频率稳定度是振荡器的主要性能指标之一。为了提高频率稳定度，必须采取一系列措施，包括减小外界因素变化的影响和提高电路抗外界因数变化影响的能力两个方面。克拉泼电路和西勒电路是两种较实用的电容三点式改进型电路，前者适用于固定频率振荡器，后者可用于波段振荡器。

晶体振荡器的频率稳定度很高，但振荡频率的可调范围很小。泛音晶体振荡器可用于产生较高频率振荡，但需采取措施抑制低次谐波振荡，保证其只谐振在所需要的工作频率上。

RC振荡器是应用在低频段的正弦波振荡器，其中经常使用的是由运算放大器组成

的文氏电桥振荡器，其振荡频率 $f_0=\dfrac{1}{2\pi RC}$。

思考与练习

1. 正弦波振荡器是由哪几部分组成的？画方框图说明。

2. 振荡器的起振条件是什么？平衡条件是什么？

3. 三点振荡器的组成原则是什么？

4. 画出电感三点式振荡器和电容三点式振荡器的交流等效电路，分析它是怎样满足自激振荡的相位条件的？写出振荡频率的计算公式。

5. 为什么石英谐振器具有很高的频率稳定性？

6. 用相位条件的判别规则说明题图 4-1 所示几个三点式振荡器等效电路中，哪个电路可以起振？哪个电路不能起振？

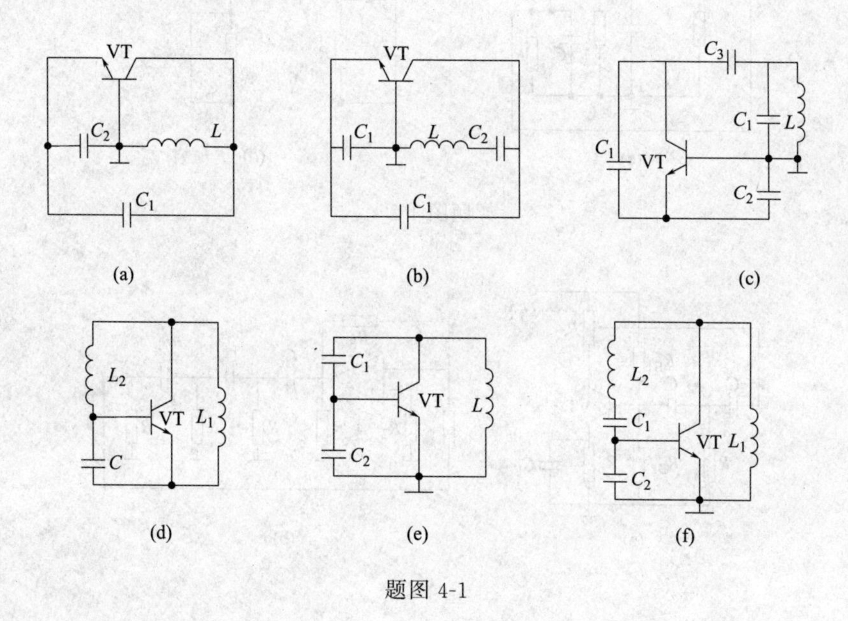

题图 4-1

7. 试画出题图 4-2 中各电路的交流等效电路，并用振荡器的相位条件判断哪些可能产生正弦波振荡，哪些不能产生正弦波振荡，并说明理由。

8. 试用相位平衡条件判断题图 4-3 所示电路是否可能产生正弦波振荡，并简述理由。

9. 下列哪些情况振荡器（见题图 4-4）可以振荡？各属于何种振荡类型？振荡频率与回路固有谐振频率有何关系？

（1）$L_1C_1>L_2C_2>L_3C_3$

（2）$L_1C_1<L_2C_2<L_3C_3$

（3）$L_1C_1=L_2C_2=L_3C_3$

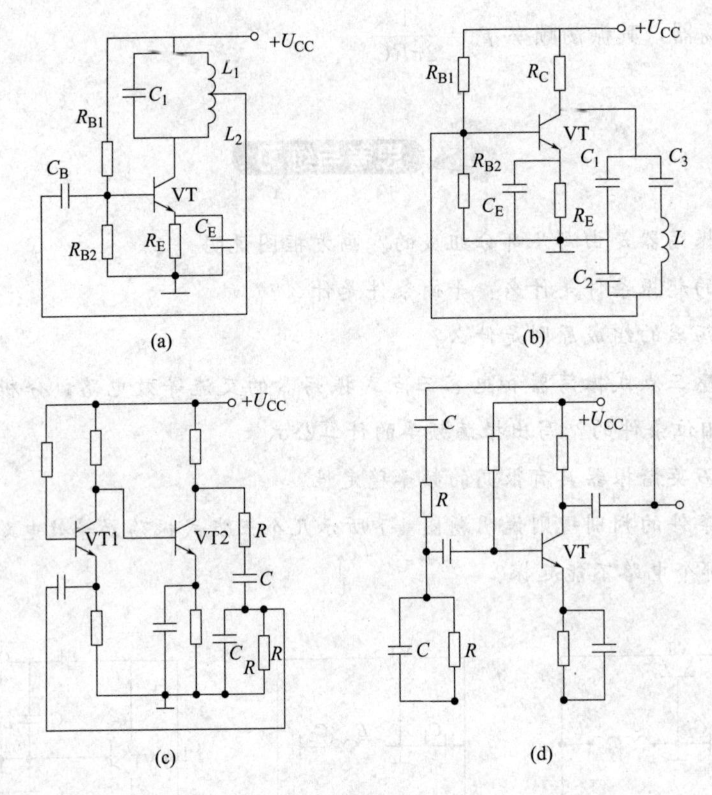

题图 4-2

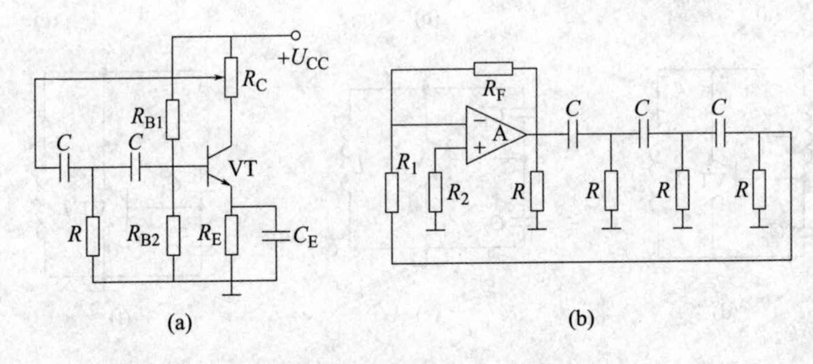

题图 4-3

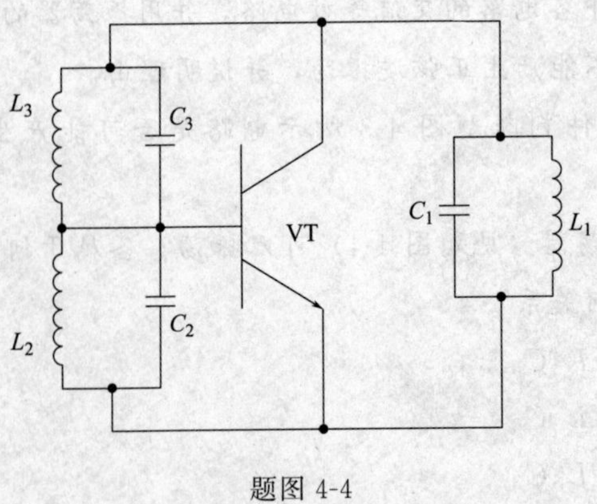

题图 4-4

(4) $L_1C_1=L_2C_2>L_3C_3$

(5) $L_1C_1<L_2C_2=L_3C_3$

(6) $L_2C_2<L_3C_3<L_1C_1$

10. 在题图 4-5 所示振荡器交流等效电路中，三个 LC 并联回路的谐振频率分别是：$f_1=1/(\sqrt{L_1C_1})$、$f_2=1/(\sqrt{L_2C_2})$、$f_3=1/(\sqrt{L_3C_3})$，试问 f_1、f_2、f_3 满足什么条件时该振荡器能正常工作？且相应的振荡频率是多少？

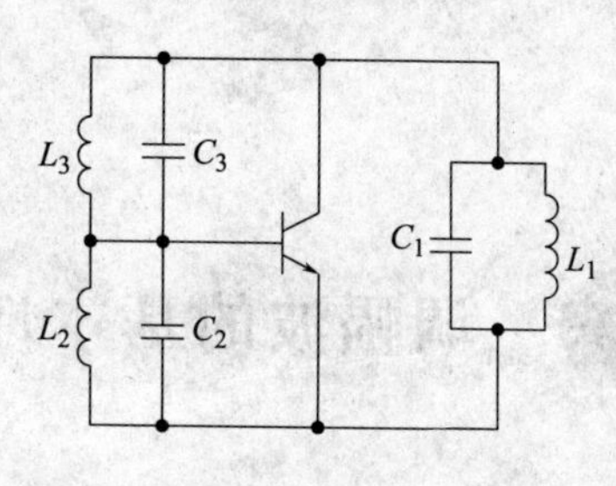

题图 4-5

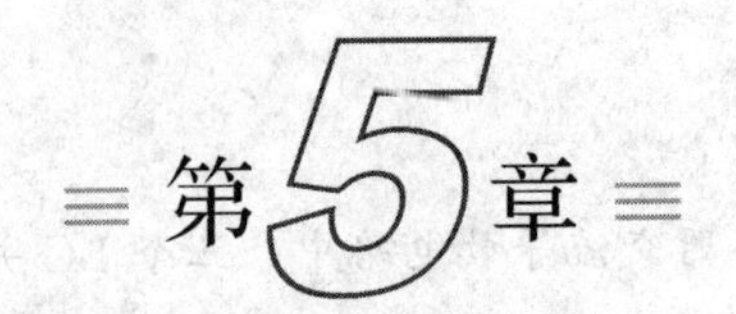

第5章 调幅、检波与混频

5.1 调幅波的基本性质

调幅就是用低频调制信号去控制高频载波信号的振幅，使载波的振幅随调制信号成正比地变化。经过振幅调制的高频载波称为振幅调制波，简称调幅波。

5.1.1 普通调幅波的基本性质

5.1.1.1 普通调幅波的数学表达式

设高频载波信号 $u_{c}(t)$ 的数学表达式为

$$u_{c}(t)=U_{cm}\cos\omega_{c}t=U_{cm}\cos2\pi f_{c}t \tag{5-1}$$

式中，ω_{c} 和 f_{c} 分别为高频调制信号的角频率和频率。

与载波相比，普通调幅波的频率与相位保持不变，而振幅将随调制信号 $u_{\Omega}(t)$ 呈线性变化。当调制信号 $u_{\Omega}(t)$ 为 0 时，调幅波的振幅等于载波振幅。因此，调幅波的振幅可写为

$$U_{cm}(t)=U_{cm}+k_{a}u_{\Omega}(t) \tag{5-2}$$

式中，k_{a} 是一个与调幅电路有关的比例常数，称为调制灵敏度。

若调制信号为一个单频余弦波，即

$$u_{\Omega}(t)=U_{\Omega m}\cos\Omega t=U_{\Omega m}\cos2\pi Ft \tag{5-3}$$

式中，Ω 和 F 分别为低频调制信号的角频率和频率，通常 $F\ll f_{c}$，将式（5-3）代入式（5-2），可得调幅波 $u_{AM}(t)$ 的表达式为

$$\begin{aligned}u_{AM}(t)&=[U_{cm}+K_{a}u_{\Omega}(t)]\cos\omega_{c}t\\&=(U_{cm}+K_{a}U_{\Omega m}\cos\Omega t)\cos\omega_{c}t\\&=U_{cm}\left(1+\frac{K_{a}U_{\Omega m}}{U_{cm}}\cos\Omega t\right)\cos\omega_{c}t\end{aligned}$$

$$=U_{cm}\left(1+\frac{\Delta U_{cm}}{U_{cm}}\cos\Omega t\right)\cos\omega_c t$$

$$=U_{cm}(1+m_a\cos\Omega t)\cos\omega_c t \tag{5-4}$$

式中，$\Delta U_{cm}=k_a U_{\Omega m}$，为受调制后载波电压振幅的最大变化量，因此有

$$m_a=\frac{k_a U_{\Omega m}}{U_{cm}}=\frac{\Delta U_{cm}}{U_{cm}} \tag{5-5}$$

m_a 称为调幅系数或调幅度，它反映了载波振幅受调制信号控制的程度。

$U_{cm}(t)=U_{cm}(1+m_a\cos\Omega t)$ 是高频调幅信号的振幅，它反映了调制信号的变化规律，称为调幅波的包络。

由此可得调幅波形包络的最小值和最大值：

$$U_{min}=U_{cm}(1-m_a)$$

$$U_{max}=U_{cm}(1+m_a)$$

则有

$$m_a=\frac{U_{max}-U_{min}}{U_{max}+U_{min}}=\frac{U_{max}-U_{cm}}{U_{cm}}=\frac{U_{cm}-U_{min}}{U_{cm}} \tag{5-6}$$

5.1.1.2 单频调制的波形

根据式（5-3）、式（5-1）、式（5-4）可画出 $u_\Omega(t)$、$u_c(t)$ 和不同 m_a 条件下 $u_{AM}(t)$ 的波形，如图 5-1 所示。可见，当 $m_a\leqslant1$ 时，高频振荡波的振幅能真实地反映出调制信号的变化规律。在 $m_a>1$ 时，调幅波将出现某段时间振幅为零，波形产生严重的失真，称为过调制，这在实际电路中必须避免。

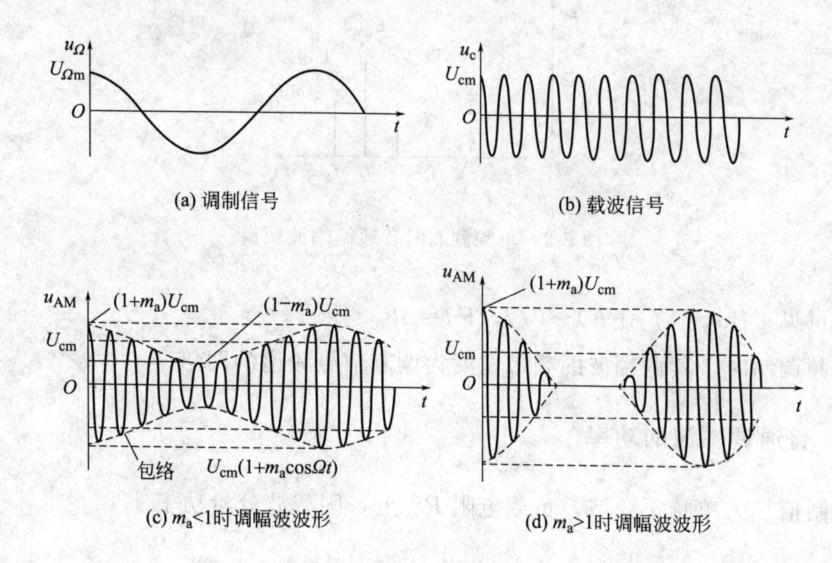

图 5-1 单频调制时普通调幅波波形

5.1.1.3 单频调制的带宽

利用积化和差公式，可以把式（5-4）分解为

$$u_{AM}(t)=U_{cm}\cos\omega_c t+\frac{1}{2}m_a U_{cm}\cos(\omega_c-\Omega)t+\frac{1}{2}m_a U_{cm}\cos(\omega_c+\Omega)t \tag{5-7}$$

式（5-7）表明，单频正弦信号调制的调幅波是由三个频率分量组成，第一项为载波分量；第二项的频率为 f_c-F，称为下边频分量，其振幅为$\frac{1}{2}m_a U_{cm}$；第三项的频率为 f_c+F，称为上边频分量，其振幅也为$\frac{1}{2}m_a U_{cm}$，由此可以画出相应的调幅波频谱图如图 5-2 所示。

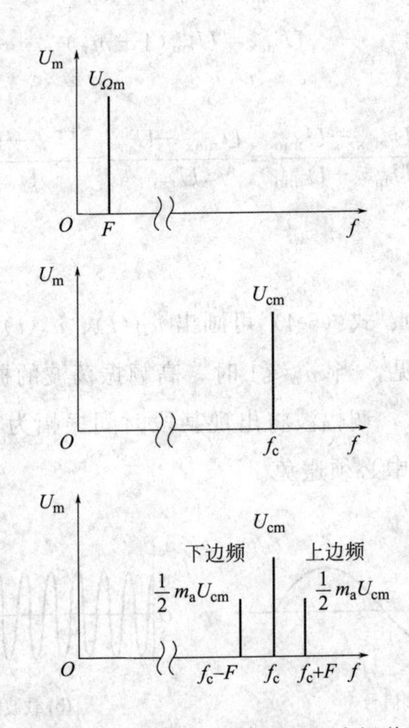

图 5-2 单频调制时普通调幅波频谱

由图可见 $Bw=(f_c+F)-(f_c-F)=2F$ (5-8)

在单频调制时，其调幅波的频带宽度为调制信号频谱的两倍。

5.1.1.4 普通调幅波的功率

设调制信号为单频正弦波，负载电阻 R_L 上，则载波分量功率：

$$P_c=\frac{1}{2}U_{cm}^2/R_L \tag{5-9}$$

上、下边频分量功率均为

$$P_{sb上}=P_{sb下}=\frac{1}{2}\left(\frac{1}{2}m_aU_{cm}\right)^2/R_L=\frac{1}{2}m_a^2P_c \tag{5-10}$$

边频功率为

$$P_{sb}=P_{sb上}+P_{sb下}=\frac{1}{4}(m_aU_{cm})^2/R_L=\frac{1}{2}m_a^2P_c \tag{5-11}$$

因此，调幅波在调制信号的一个周期内的平均功率为

$$P_{av}=P_{sb}+P_c=\left(1+\frac{1}{2}m_a^2\right)P_c \tag{5-12}$$

边频功率随 m_a 的增大而增加，当 $m_a=1$ 时，边频功率为最大，即 $P=3/2P_c$，这时上、下边频功率之和只有载波功率的一半，这也就是说，用这种调制方式，发送端发送的功率被不携带信息的载波占去了很大的比例，显然，这是很不经济的。但由于这种调制设备简单，特别是解调更简单，便于接收，所以它仍在某些领域广泛应用。

5.1.1.5 复杂信号调制

实际上，调制信号一般不是单一频率的信号，而是包含若干频率分量的复杂波形，例如语音信号的频率约为 300～3000Hz。若调制信号的波形如图 5-3 所示，即

$$u_\Omega(t)=U_{\Omega m1}\cos\Omega_1t+U_{\Omega m2}\cos\Omega_2t+\cdots+U_{\Omega mn}\cos\Omega_nt$$

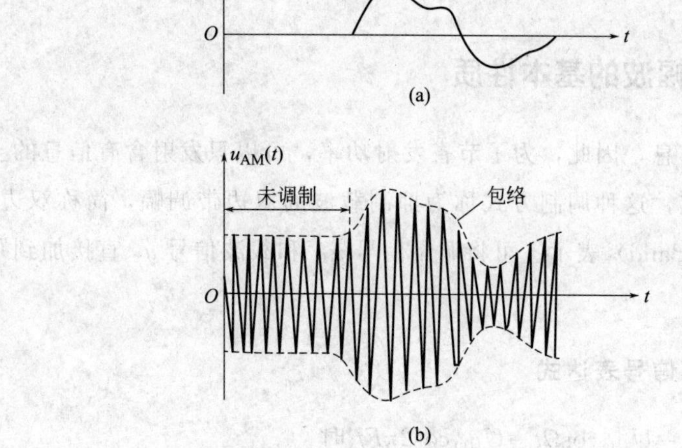

图 5-3 实际调制信号的调幅波形

其频谱如图 5-3 所示，调制后每一频率分量将产生一对边频，即 $(f_c\pm F_1)$、$(f_c\pm F_2)$、…、$(f_c\pm F_n)$ 等。这些上、下边频的集合形成上、下边带，频率范围 (f_c+F_1) ～ (f_c+F_n) 称为上边带，频率范围 (f_c-F_1) ～ (f_c-F_n) 称为下边带。上、下边带也对称地排列在载频分量的两侧，可见，调幅波的频谱被线性地搬移到载频的两边，成为调幅波的上、下边带。所以，调幅的过程实质上是一种频谱搬移的过程。最低调制频率 $F_{min}=F_1$，最高调制频率 $F_{max}=F_n$，故调幅波带宽为：

$$Bw=(f_c+F_n)-(f_c-F_n)=2F_n=2F_{max} \tag{5-13}$$

图 5-4 所示为多频调幅波的频谱。

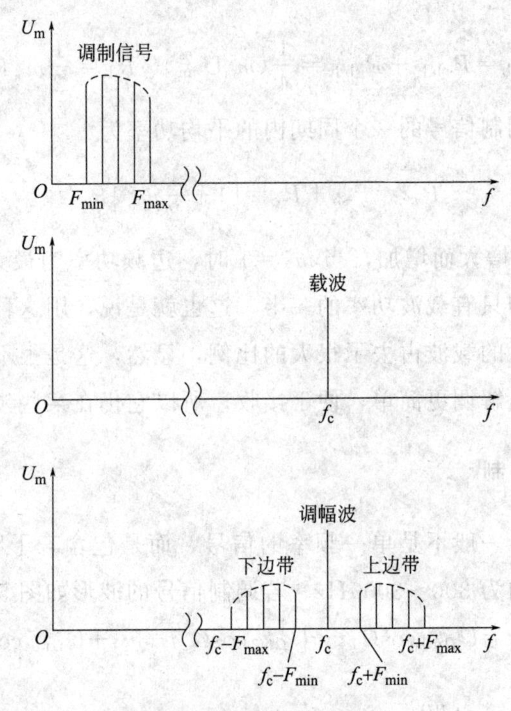

图 5-4　多频调幅波的频谱

5.1.2　双边带调幅波的基本性质

由于载波不携带信息，因此，为了节省发射功率，可以只发射含有信息的上、下两个边带，而不发射载波，这种调制方式称为抑制载波的双边带调幅，简称双边带调幅，用 DSB（Double Side Band）表示。可将调制信号 u_Ω 和载波信号 u_c 直接加到乘法器或平衡调幅器电路得到。

5.1.2.1　双边带调幅信号表达式

单频调制即 $u_\Omega(t)=U_{\Omega m}\cos\Omega t=U_{\Omega m}\cos 2\pi Ft$ 时

$$u_{DSB}(t)=\frac{1}{2}m_aU_{cm}\cos(\omega_c-\Omega)t+\frac{1}{2}m_aU_{cm}\cos(\omega_c+\Omega)t=m_aU_{cm}\cos\Omega t\cos\omega_c t \tag{5-14}$$

5.1.2.2　双边带调幅波的波形

DSB 调幅信号的幅值仍随调制信号而变化，但与普通调幅波不同，包络不再反映调制信号的形状。高频信号的振幅按调制信号的规律变化，不是在 U_{cm} 的基础上，而是在零值的基础上变化，可正可负。因此，当调制信号从正半周进入负半周的瞬间（即调幅

包络线过零点时)，相应高频振荡的相位发生 180°的突变。双边带调幅的调制信号、调幅波如图 5-5 (a) 所示。

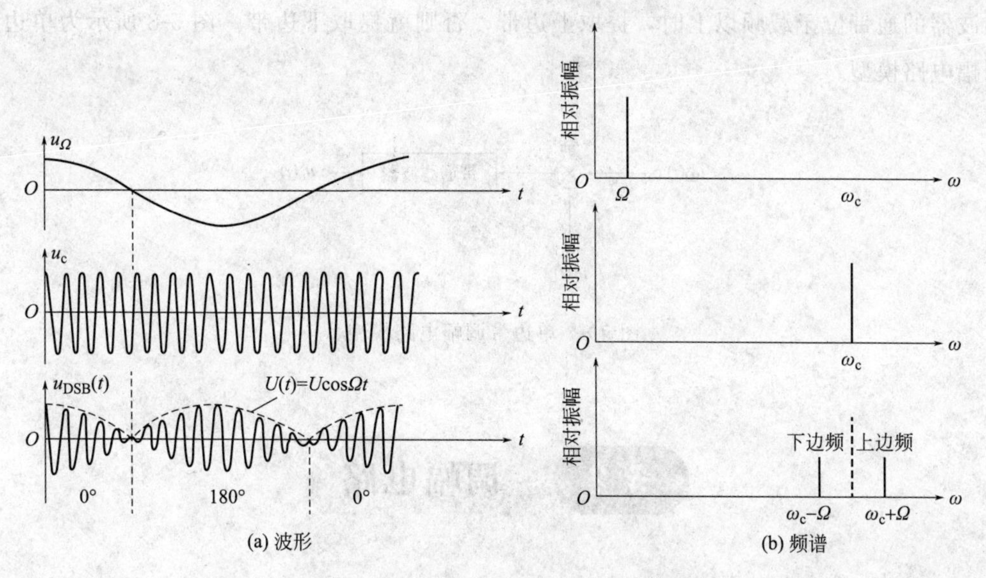

图 5-5　双边带调幅的波形与频谱图

5.1.3　单边带调幅波的基本性质

从双边带调幅信号的频谱结构可知，上、下边带都反映了调制信号的频谱结构。因此，从传输信息的角度来看，还可以进一步将其中的一个边带抑制掉。这种仅仅传送一个边带（上边带或者下边带）的调幅方式，称为单边带调幅，用 SSB 表示。单边带调幅提高了频带利用率。常见方法有滤波法和移相法，下面主要介绍滤波法。

单频调制时单边带调幅波波形如图 5-6 所示。单边带调幅信号为等幅波，其频率高于或低于载频。但是多频调制的单边带信号就不是等幅波。图 5-7 所示为多频调制时单边带信号频谱（上边带）。

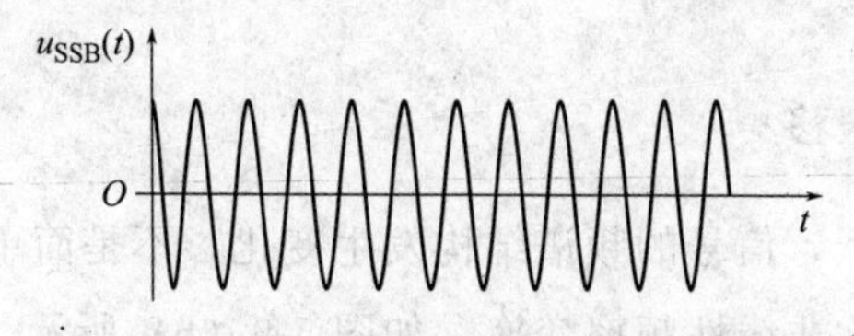

图 5-6　单频调制时单边带调幅波波形

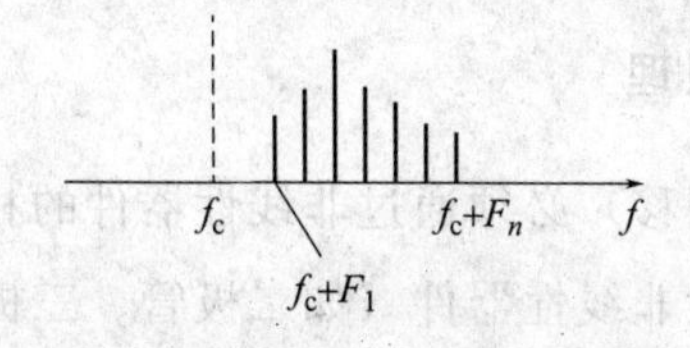

图 5-7　多频调制时单边带信号频谱（上边带）

滤波法，是将调制信号 $u_{\Omega}(t)$ 和载波信号 $u_{c}(t)$ 经乘法器获得 DSB 信号，再通过带通滤波器滤出 DSB 信号的一个边带（上边带或下边带），便可获得 SSB 信号，当边带滤波器的通带位于载频以上时，提取上边带，否则就提取下边带。图 5-8 所示为单边带调幅电路模型。

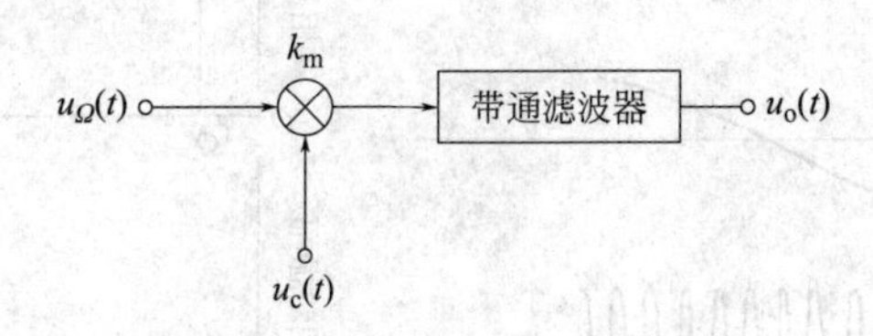

图 5-8　单边带调幅电路模型

5.2　调幅电路

5.2.1　线性频谱搬移与非线性谱搬移

在频谱搬移电路中，根据不同的特点，可分为频谱的线性搬移电路和非线性搬移电路两类。

5.2.1.1　线性频谱搬移

从频谱上看，在搬移的过程中，输入信号的频谱结构不发生变化，即搬移前后各频率分量的比例关系不变，只是在频谱上简单的搬移，如图 5-9（a）所示。这类频谱搬移即频谱的线性搬移，又称线性频率变换，即在频率变换前后，信号频谱结构不变，只是将信号频谱不失真地在频率轴上搬移。本章所讲述的调幅、检波及混频电路均为频谱的线性搬移电路。

5.2.1.2　非线性频谱搬移

如果在频率变换前后，信号的频谱结构发生变化，不是简单的频谱搬移过程，称为频谱的非线性搬移，又称非线性频率变换，如图 5-9（b）所示。第六章将讨论的频率调制与解调、相位调制与解调过程就属于非线性频率变换。

5.2.1.3　频谱搬移的实现原理

频率变换电路（如频谱搬移）必须通过非线性器件的相乘作用才能实现。常用的非线性器件是模拟乘法器和一般非线性器件（如二极管、三极管、场效应管等）的相乘作用实现频谱搬移。

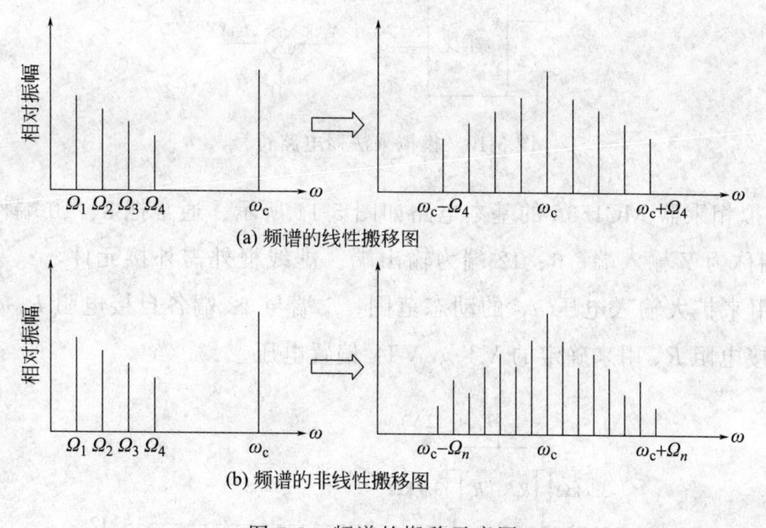

图 5-9 频谱的搬移示意图

按照调幅方式不同，调幅电路分为普通调幅电路、双边带调幅电路和单边带调幅电路等；按照输出功率的高低，调幅电路又可分为高电平调幅电路和低电平调幅电路。

5.2.2 低电平调幅

低电平调幅是在低电平状态下的调制，产生小功率的调幅波。一般在发射机的前级实现低电平调幅，再经过线性功率放大器，达到所需的发射功率电平，主要用来实现双边带调幅和单边带调幅。属于这类的调幅方法有：模拟相乘调幅、平衡调幅、环形调幅、斩波调幅和平方率调幅等。

对低电平调幅的主要要求是具有良好的调制线性度和较强的载波抑制能力。目前广泛采用模拟相乘器调幅电路（工作频率一般在几百兆赫兹）和二极管平衡调幅电路（工作频率可达几吉赫兹）。

5.2.2.1 模拟相乘器调幅电路

（1）模拟相乘器

与一般非线性器件相比，集成模拟乘法器具有工作频带宽、温度稳定性好等优点，可以进一步克服某些无用的组合频率分量，净化输出信号频谱，广泛用于调制、解调及混频电路。模拟乘法器符号如图 5-10 所示，有两个输入端口，输入信号分别为 u_X 和 u_Y，输出信号为 u_o。

$$u_o = A_M u_X u_Y \tag{5-15}$$

式中，A_M 是乘法器的比例常数。对于一个理想的乘法器，其输出电压的瞬时值仅取决于两个输入电压，且输入电压的波形、幅值、极性和频率均不受限制。

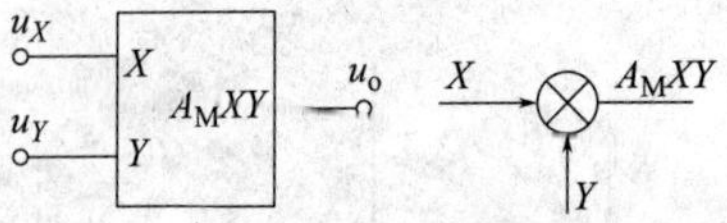

图 5-10　模拟乘法器电路符号

集成模拟相乘器 MC1596 的基本电路如图 5-11 所示。通常把 8、10 端称为 X 输入端；4、1 端称为 Y 输入端；6、12 端为输出端。虚线框外需外接元件，2、3 端之间接电阻 R_Y，用来扩大输入电压 u_Y 的动态范围；6 端与 12 端各自接电阻 R_c 作为负载电阻；5 端外接电阻 R_s 用来确定的 VT_7、VT_8 偏置电压。

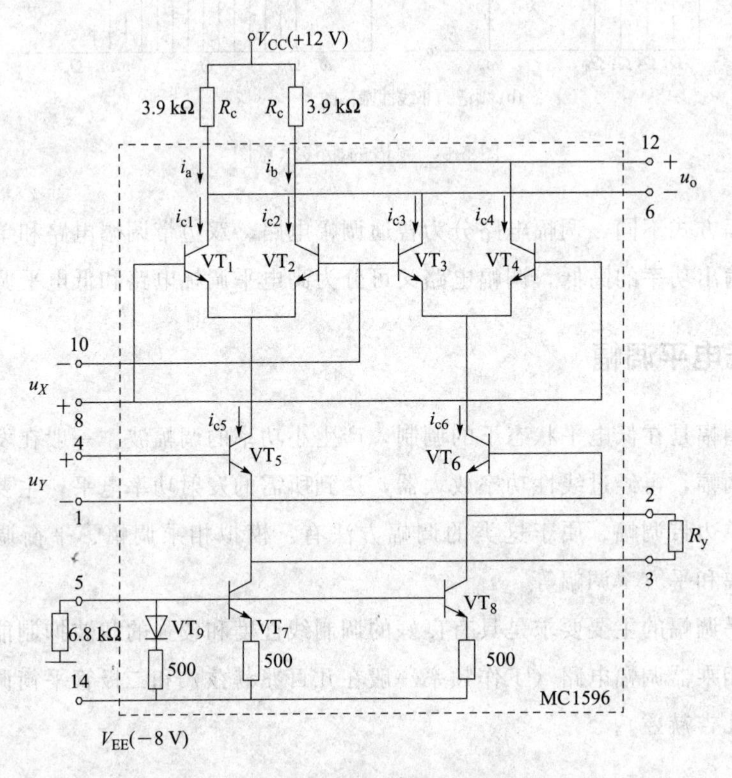

图 5-11　MC1596 模拟乘法器内部电路示意图

（2）相乘器调幅原理

普通调幅电路模型如图 5-12（a）所示。图中，输入单频调制信号 $u_\Omega(t)=U_{\Omega\mathrm{m}}\cos\Omega t$，高频载波信号 $u_c(t)=U_{\mathrm{cm}}\cos\omega_c t$，直流电压为 U_Q，则输出信号为

$$
\begin{aligned}
u_o(t) &= A_M U_{\mathrm{cm}}(U_Q + U_{\Omega\mathrm{m}}\cos\Omega t)\cos\omega_c t \\
&= A_M U_Q U_{\mathrm{cm}}\left(1+\frac{U_{\Omega\mathrm{m}}}{U_Q}\cos\Omega t\right)\cos\omega_c t \\
&= U_{\mathrm{m0}}(1+m_a\cos\Omega t)\cos\omega_c t
\end{aligned}
\tag{5-16}
$$

式中 $U_{\mathrm{m0}}=A_M U_Q U_{\mathrm{cm}}$，调幅系数 $m_a=\dfrac{U_{\Omega\mathrm{m}}}{U_Q}$。为了避免出现过调幅失真，要求

$m_a \leqslant 1$，即 $U_Q \geqslant U_{\Omega m}$。

双边带调幅电路模型如图 5-12（b）所示。图中，双边带调幅电路输出信号为

$$u_o(t)=A_M U_{cm} U_{\Omega m} \cos\Omega t \cos\omega_c t = U_{m0} \cos\Omega t \cos\omega_c t \tag{5-17}$$

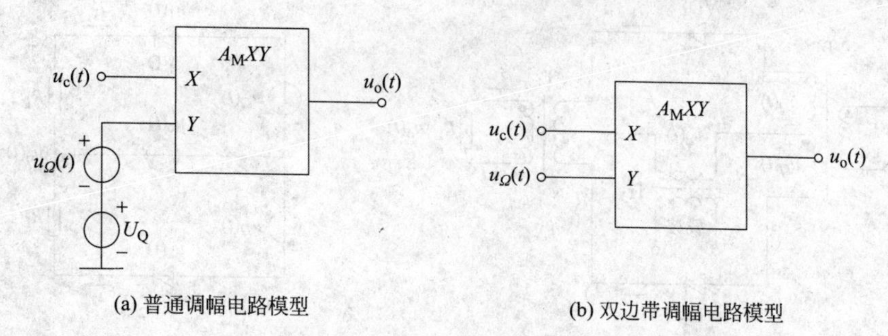

图 5-12　相乘器调幅电路模型

单边带调幅电路采用滤波法实现的关键是高频带通滤波器，它必须具备如下特性：对于要求滤除的边带信号应有很强的抑制能力，对于要求保留的边带信号应使其不失真地通过。

（3）相乘器调幅电路

由模拟乘法器 MC1496 构成的调幅电路如图 5-13 所示。图中，采用双电源方式供电（+12V、−8V），电阻 R_7、R_8、R_9 和 R_c 为器件提供静态偏置电压。相乘器 2、3 端之间接电阻负反馈电阻，扩大调节信号动态范围。相乘器 4、1 端分别接电阻 R_3 和 R_4，用于与传输电缆特性阻抗匹配。R_1、R_2 和 R_W 组成平衡调节电路，调节 R_w 可以完成普通调幅或双边带调幅。

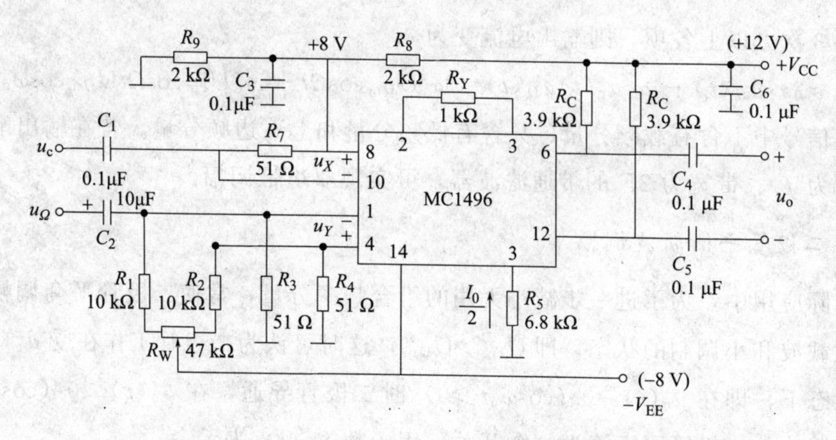

图 5-13　集成模拟相乘器 MC1496 构成的调幅电路

5.2.2.2　二极管平衡调幅电路

（1）二极管平衡调幅器

二极管平衡调幅电路如图 5-14 所示。两个性能一致的二极管 VD_1、VD_2 及中间抽

头变压器 T_1、T_2 接成平衡电路，其中 T_1 为高频变压器，初、次级匝数变比为 $2\times1:1$，T_2 为低频变压器。

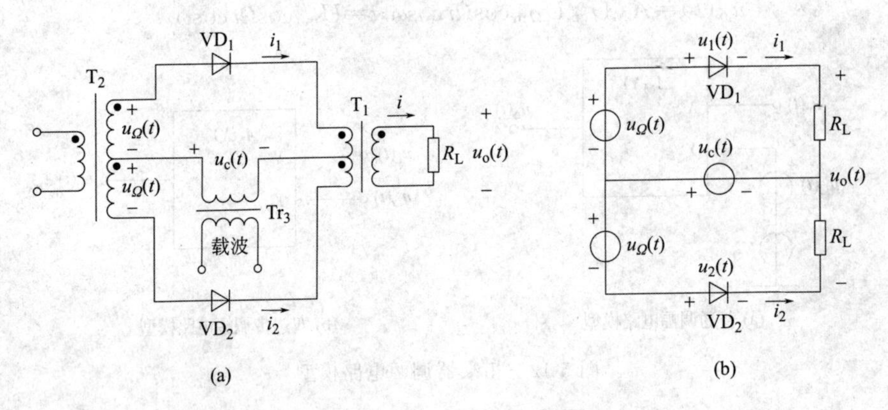

图 5-14　二极管平衡调幅电路

二极管伏安特性可以用幂级数表示为

$$i_1=f(u_1)=\alpha_0+\alpha_1u_1(t)+\alpha_2u_1^2(t)+\cdots+\alpha_nu_1{}^n(t)\cdots$$

$$i_2=f(u_2)=\alpha_0+\alpha_1u_2(t)+\alpha_2u_2^2(t)+\cdots+\alpha_nu_2^n(t)\cdots$$

若忽略输出电压的反作用，则二极管两端的电压为

$$u_1(t)=u_c(t)+u_\Omega(t)$$

$$u_2(t)=u_c(t)-u_\Omega(t)$$

输出总电流为

$$i_o=i_1-i_2=2\alpha_1u_\Omega(t)+4\alpha_2u_c(t)u_\Omega(t)+\cdots$$

忽略 3 次方以上各项，则输出电流变为

$$i_o\approx2\alpha_1u_\Omega(t)+4\alpha_2u_c(t)u_\Omega(t)=2\alpha_1U_{\Omega m}\cos\Omega t+4\alpha_2U_{cm}\cos\Omega tU_{\Omega m}\cos\omega_ct$$

输出信号中不含有载频分量、只含有低频分量和上下边频分量。若在输出端接一个中心频率为 f_c、带宽为 $2F$ 的带通滤波器，可实现双边带调幅。

(2) 二极管平衡斩波调幅

在实际应用中，为了进一步减小无用的组合频率分量，常使二极管平衡调幅器电路工作在大载波和小调制的状态，即 $U_{cm}\gg U_{\Omega m}$，这时可认为二极管工作在受 $u_c(t)$ 控制的开关状态下，即在 $u_c(t)\geqslant0$ ($\cos\omega_ct\geqslant0$) 时二极管导通，在 $u_c(t)<0$ ($\cos\omega_ct<0$) 时二极管截止。二极管可折算为一个开关，用函数 $S_1(t)$ 表示

$$S_1(t)=\begin{cases}1,\cos\omega_ct\geqslant0\\0,\cos\omega_ct<0\end{cases}$$

$S_1(t)$ 为幅度等于 1、频率等于 f_c 的方波。$S_1(t)$ 的幂级数展开式为

$$S_1(t)=\frac{1}{2}+\frac{2}{\pi}\cos\omega_c(t)-\frac{2}{3\pi}\cos3\omega_c(t)+\frac{2}{3\pi}\cos5\omega_c(t)+\cdots$$

当 $\cos\omega_c t \geqslant 0$ 时，VD_1、VD_2 导通，有电流 i_1、i_2；当 $\cos\omega_c t < 0$ 时，VD_1、VD_2 截止，电流 $i_1 = i_2 = 0$。当 $R_L \gg$ 二极管折算电阻 r_d 时，可得

$$i_1 = \frac{u_c + u_\Omega}{R_L + r_d} S_1(t) \approx \frac{u_c + u_\Omega}{R_L} S_1(t)$$

$$i_2 = \frac{u_c - u_\Omega}{R_L + r_d} S_1(t) \approx \frac{u_c - u_\Omega}{R_L} S_1(t)$$

$$u_o(t) = (i_1 - i_2) R_L \approx 2u_\Omega(t) S_1(t)$$

则 $u_o(t) = u_\Omega(t) + \frac{4}{\pi} u_\Omega(t) \cos\omega_c(t) - \frac{4}{3\pi} u_\Omega(t) \cos 3\omega_c(t) + \cdots$

设 $u_\Omega(t) = U_{\Omega m}\cos\Omega t$，则上式可知，$u_o(t)$ 中的组合频率为 F 和 $(2p+1)f_c \pm F$。与平衡调幅相比，其组合频率分量大大减少。如果在输出端接一个中心频率为 f_c、通带宽度为 $2F$ 的带通滤波器，则可选出其中的 $f_c \pm F$ 边频分量，从而获得双边带调幅信号。平衡斩波调幅器的波形如图 5-15 所示。

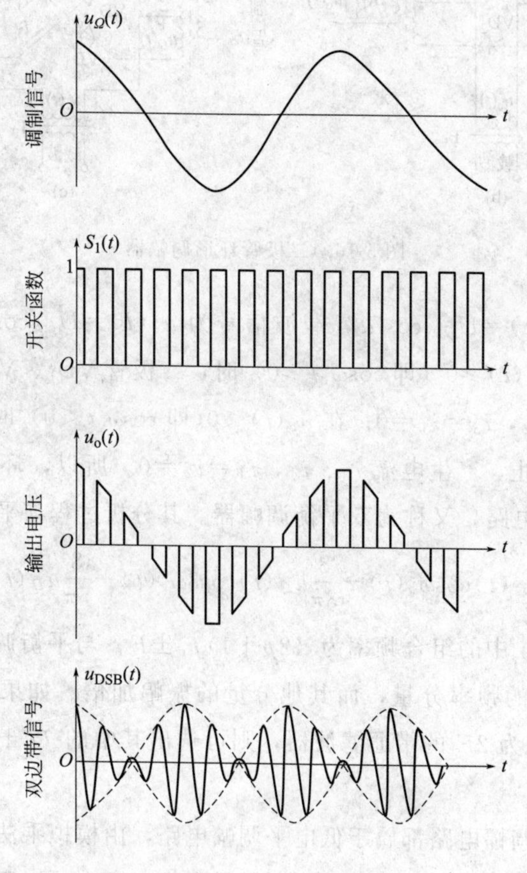

图 5-15　平衡斩波调幅器的波形

可以发现输出电压的波形仿佛是用开关函数的 $S_1(t)$ 波形去斩调制信号 $u_\Omega(t)$ 的波形，使它被斩成频率为 f_c 的脉冲信号，故称为平衡斩波调幅。

（3）二极管环形斩波调幅电路

如图 5-16 所示，该电路由四个二极管首尾相接，组成一个环形电路。它和平衡调幅器相比，多了两个二极管 VD_3 和 VD_4，其工作原理相似，也工作在大载波和小调制的情况，即实现环形斩波调幅。

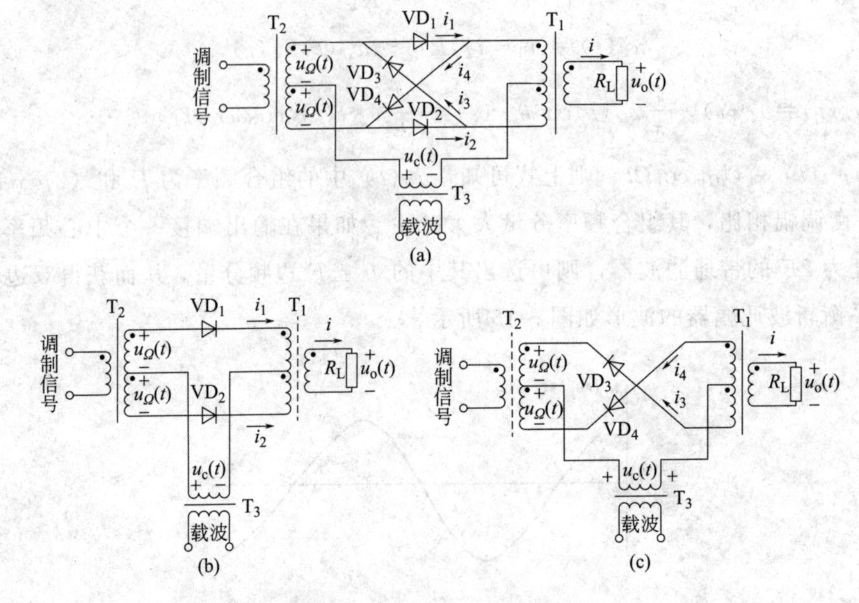

图 5-16　二极管环形调幅器

设调制信号 $u_\Omega(t)=U_{\Omega m}\cos\Omega t$，载波信号为 $u_c(t)=U_{cm}\cos\omega_c t$，且 $U_{cm}\gg U_{\Omega m}$。由图 5-16 可知，当 $u_c(t)\geqslant 0$（即 $\cos\omega_c t\geqslant 0$）时，二极管 VD_1、VD_2 导通，VD_3、VD_4 截止，产生电流 i_1、i_2，$i_3=i_4=0$；在 $u_c(t)<0$（即 $\cos\omega_c t<0$）时，二极管 VD_3、VD_4 导通，VD_1、VD_2 截止，产生电流 i_3、i_4，$i_1=i_2=0$。所以，环形调幅器可看成由两个平衡调幅器构成的电路，又称为双平衡调幅器。其分析过程与平衡斩波调幅相似。

可得 $u_o(t)=\dfrac{8}{\pi}u_\Omega(t)\cos\omega_c(t)-\dfrac{8}{3\pi}u_\Omega(t)\cos3\omega_c(t)+\dfrac{8}{5\pi}u_\Omega(t)\cos5\omega_c(t)+\cdots$

上式可知，$u_o(t)$ 中的组合频率为 $(2p+1)f_c\pm F$，与平衡调斩波幅相比，环形调幅输出电压中没有 F 的频率分量，而其他分量的振幅加倍。如果在输出端接一个中心频率为 f_C、通带宽度为 $2F$ 的带通滤波器，则可选出其中的 $f_C\pm F$ 边频分量，从而获得双边带调幅信号。

以上讲的双边带调幅电路都属于低电平调幅电路，由模拟乘法器或二极管等非线性器件来完成调幅。其中模拟乘法器实现的调幅最理想，它也可以工作在大载波和小调制的状态，实现斩波调幅。

斩波调幅电路大大减少了无用组合频率分量，调幅效果更好；环形斩波调幅比平衡斩波调幅电路的无用频率分量少，且输出信号幅度增加一倍，但电路更复杂。

同一个非线性器件或电路在不同工作状态时，输出的频率分量也不同。因此在不同功能的非线性电路中，采用与各电路相适应的工作状态，将有利于系统功能的改善。

5.2.3 高电平调幅

高电平调幅是高电平状态下的调制。电路除实现幅度调制，还具有功率放大的功能，以满足发射机输出功率的要求，一般置于发射机的最后一级，是调幅发射机常用的调幅电路。其核心器件一般由晶体管、场效应管等组成。

5.2.3.1 基极调幅电路

基极调幅电路是利用晶体管的非线性特性，用调制信号来改变丙类功率放大器的基极偏压，来实现调幅的。电路如图 5-17 所示。

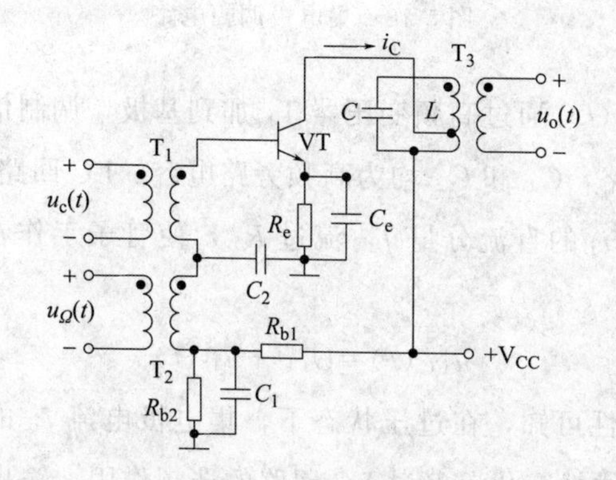

图 5-17 基极调幅电路

由图可见，高频载波信号 $u_c(t)$ 通过高频变压器 T_1 加到晶体管基极，低频调制信号 $u_Ω(t)$ 通过低频变压器 T_2 加到晶体管基极回路，C_2 为高频旁路电容，用来为载波信号提供通路，但对低频信号容抗很大；C_1 和 C_e 对高、低频均旁路，L、C 谐振在载频 f_c 上，则发射结所加的电压为

$$u_{BE}=U_{BB}+u_Ω(t)+u_c(t)=U_{BB}(t)+u_c(t)$$

式中，$U_{BB}(t)=U_{BB}+u_Ω\ (t)$；$U_{BB}=\dfrac{R_{b2}}{R_{b1}+R_{b2}}U_{CC}+I_ER_e$，它应是一个负偏压，以保证功放工作在丙类状态。

根据基极调制特性可知，在欠压状态下，集电极电流 i_c 的基波分量振幅 I_{cm1} 随基极偏置电压 $U_{BB}(t)$ 成线性变化，经过 LC 电路的选频作用，输出电压 $u_o(t)$ 的振幅就随调制信号的规律变化，即 $u_o(t)$ 为普通调幅波。

基极调幅电路可以看成以载波为激励信号、基极偏置电压受调制信号控制的丙类谐振功放。由于工作在欠压区，所以该电路的效率低，但调制信号所需的功率小。

5.2.3.2 集电极调幅电路

集电极调幅电路也是利用晶体管的非线性特性，用调制信号来改变丙类功率放大器的集电极电源电压，从而实现调幅的。电路如图 5-18 所示。

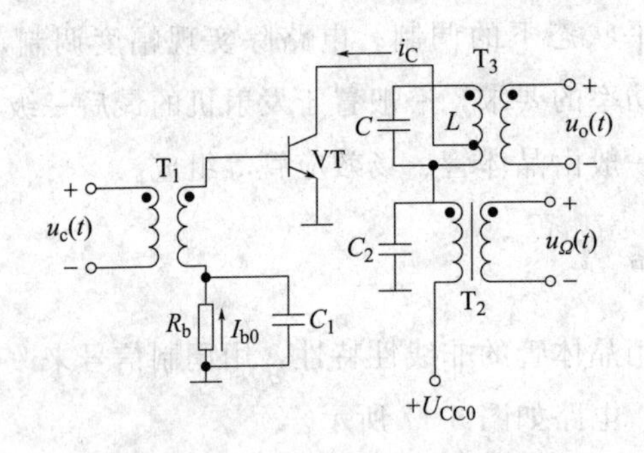

图 5-18 集电极调幅电路

图中，高频载波 $u_c(t)$ 通过高频变压器 T_1 加到基极，调制信号 $u_\Omega(t)$ 通过低频变压器 T_2 加到集电极回路，C_1 和 C_2 均为高频旁路电容，LC 回路谐振在载频 f_c 上。该电路工作时，基极电流 i_B的直流分量 I_{B0} 流过 R_b，使管子工作在丙类状态，则集电极所加的电压为

$$u_{CC}(t)=U_{CC}+u_\Omega(t)$$

根据集电极调制特性可知，在过压状态下，集电极电流 i_c 的基波分量振幅 I_{cm1} 随集电极电压 $U_{CC}(t)$ 成线性变化，经过 LC 回路的选频作用，输出电压 $u_o(t)$ 的振幅就随调制信号的规律变化，即 $u_o(t)$ 为普通调幅波。

集电极调幅电路可以看成以载波为激励信号、集电极电源电压受调制信号控制的丙类谐振功放。由于工作在过压区，所以该电路的效率高，但是调制信号所需的功率大。

5.3 检波器

5.3.1 概述

5.3.1.1 检波的定义

从高频调幅信号中检出原调制信号的过程，称为幅度解调，也称幅度检波，简称检波。

从频谱关系上看，检波电路的输入信号是高频载波和边频分量，而输出是低频调制信号，其频谱变换过程与调幅相反，是把调幅波的频谱由高频不失真地搬到低频，所以检波电路也是一种频谱搬移电路，因此也可以用模拟乘法器实现。图 5-19 所示为包络检波的原理。

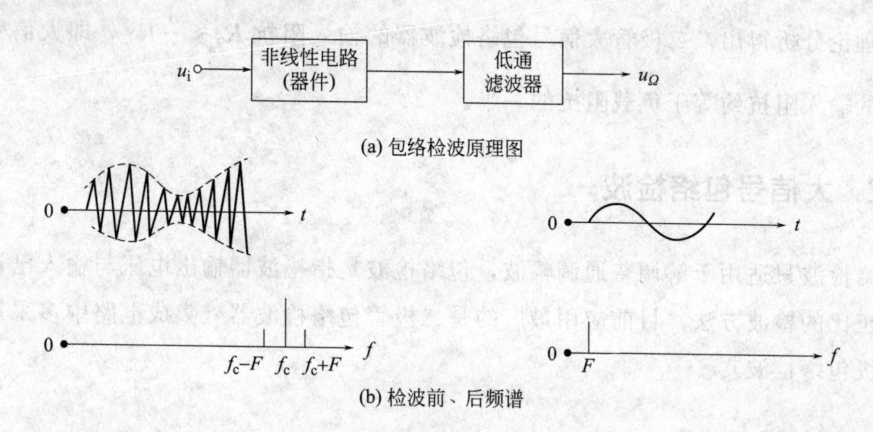

图 5-19　包络检波的原理框图

5.3.1.2　检波电路分类

常用的检波电路有两类，即包络检波电路和同步检波电路。输出电压直接反映高频调幅波包络变化规律的检波电路，称为包络检波器，它只适合于普通调幅波的检波。同步检波电路又称为相干检波电路，主要用于解调双边带和单边带调幅信号，有时也用于普通调幅波的解调。

5.3.1.3　性能质量指标

对检波电路的性能主要要求是检波效率高，失真小，并具有较高的输入电阻。

（1）检波效率 η_d

检波效率 η_d 又称传输系数，说明检波电路对高频信号的检波能力。定义为输出低频电压幅值 $U_{\Omega m}$ 与输入高频调幅波包络幅值 $m_a U_{im}$ 之比。η_d 总小于 1，设计电路时尽可能使它接近 1。

若检波电路输入调幅波 $u_s = U_{cm}(1+m_a\cos\Omega t)\cos\omega_c t$，则检波输出电压为

$$u_o = \eta_d U_{cm}(1+m_a\cos\Omega t) = \eta_d U_{cm} + \eta_d m_a \cos\Omega t = U_o + u_\Omega(t) \tag{5-18}$$

其中 $U_o = \eta_d U_{cm}$ 为检波输出的直流分量，$u_\Omega(t) = \eta_d m_a \cos\Omega t$ 为检波输出的低频调制信号。

（2）输入阻抗 R_i

检波器作为中频放大器的输出负载，用来说明检波器对前级电路的影响程度。它定

义为输入高频电压振幅与二极管电流中基波分量振幅之比。R_i 越大，检波器对前级的影响越小。即

$$R_i = \frac{U_{cm}}{I_{1m}} \tag{5-19}$$

由理论分析得出，二极管大信号包络检波器的输入阻抗 $R_i \approx \frac{1}{2} R_L$，即大信号包络检波器的输入阻抗约等于负载阻抗的一半。

5.3.2 大信号包络检波

包络检波只适用于解调普通调幅波，包络检波是指检波器输出电压与输入已调波的包络成正比的检波方法。目前应用最广的是二极管包络检波器（集成电路中多采用晶体管发射级包络检波）。

5.3.2.1 工作原理

图 5-20 是二极管峰值包络检波器的原理电路。它是由输入回路、检波二极管 VD 和 RC 低通滤波器组成。包络检波是高频输入信号的振幅大于 0.5V 时，利用二极管对电容 C_L 充电，加反向电压时截止，电容 C_L 上电压对电阻 R_L 放电这一特性实现的。分析时采用折线法。

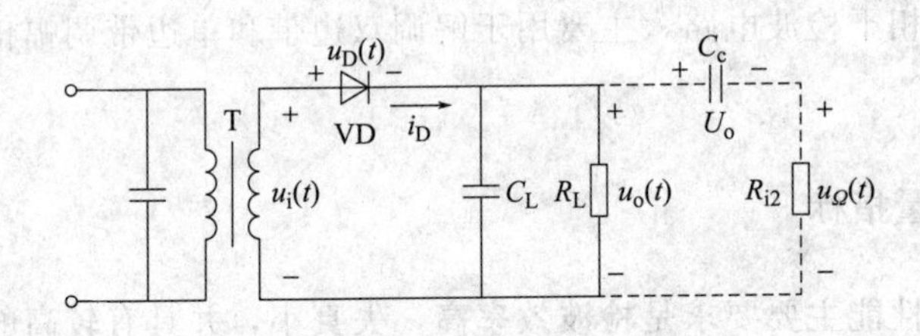

图 5-20　二极管峰值包络检波器电路

$u_i(t)$ 正半周时，二极管导通，即输入电压 $u_i(t)$ 对 C_L 充电。由于二极管正向电阻很小，故充电时间常数小，很快达到输入电压峰值，充电电压相对二极管是附加了反向偏置 $u_o(t)$，当 $u_i(t)$ 下降到小于充电电压 $u_o(t)$ 时，二极管截止，C_L 向 R_L 放电，由于 R_L 很大，放电时间常数大，故 C_L 上电压还没下降多少，输入信号 $u_i(t)$ 下一个周期又来到，充电、放电……如此循环，直到电容上的充放电达到平衡。虽然电容两端的电压 $u_o(t)$ 有起伏，但由于充电快、放电慢，电容存在充放电时间差，实际的 $u_o(t)$ 起伏很小。

当输入为等幅波时，检波器的工作过程如图 5-21 所示。

当输入为普通调幅波（AM）信号时，检波器的输出电压波形如图 5-22 所示。

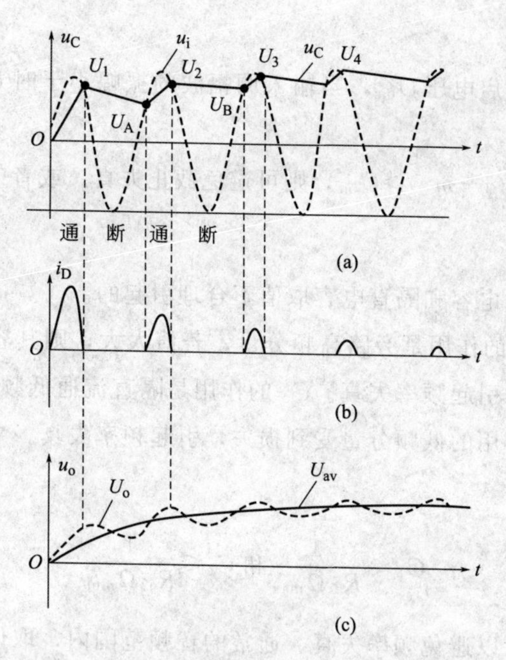

图 5-21　加入等幅波时检波器的工作过程

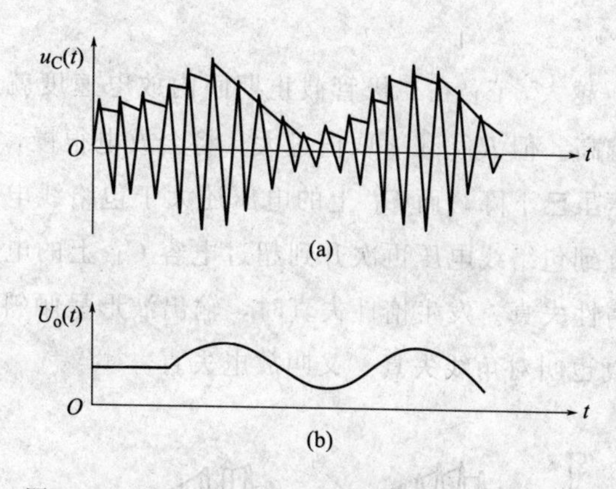

图 5-22　输入为 AM 信号时检波器的输出波形图

5.3.2.2　检波器的失真

检波器的失真包括非线性失真、截止失真、频率失真、惰性失真和底部切割失真。其中惰性失真和负峰切割失真是大信号包络检波器特有的失真，应重点理解。

（1）非线性失真

它是由于晶体管伏安特性的非线性引起的。这时检波器的输出电压不能完全和调幅波的包络成正比。

克服措施：如果负载电阻选的足够大，则检波管非线性影响越小，它所引起的非线性失真即可忽略。

(2) 截止失真

由于二极管存在开启电压 U_{on}，当输入调幅波的振幅小于时 U_{on}，二极管截止引起失真。

克服措施：使 $U_{im}(1-m_a)>U_{on}$，则可避免截止失真。或者二极管尽量采用锗管。

(3) 频率失真

它是由于检波负载电容和隔直电容取值不合理引起的。

检波负载电容 C_L 的作用是旁路高频分量，若值太大，则其容抗值很小，将使有用的低频分量受到损失，引起频率失真。C_c 的作用是隔直流通低频交流分量，若值太小，则其容抗很大，将使有用的低频分量受到损失，引起频率失真。

克服措施：

$$C_L \leqslant \frac{1}{R_L \Omega_{max}} \text{和} C_c \leqslant \frac{1}{R_{i2} \Omega_{min}}$$

满足以上条件则可以避免频率失真。通常的音频范围内，取值是容易满足的，一般 C_C 约为几微法，C_L 约为 0.01μF。

(4) 惰性失真

检波负载 R_L、C_L 越大，C_L 在二极管截止期间内放电速度就越慢，则电压传输系数和高频滤波能力就越高。但 R_L、C_L 取值过大，将会放电很慢，使得在随后的若干高频周期内，包络线电压虽已下降，而 C_L 上的电压还大于包络线电压，使二极管反向截止，失去检波作用，直到包络线电压再次升到超过电容 C_L 上的电压时，才恢复其检波功能，这种现象称为惰性失真。发生惰性失真时，输出波形呈倾斜的对角线形状，如图 5-23 所示，故惰性失真也叫对角线失真，又叫放电失真。

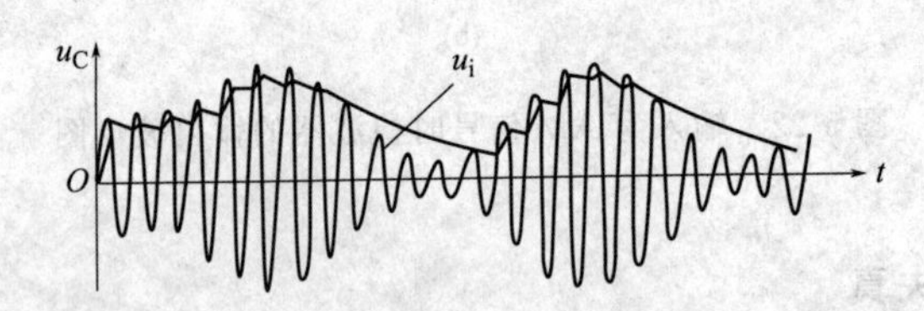

图 5-23 惰性失真时的输出波形

为避免产生惰性失真，二极管必须在每个高频周期内导通一次，要求电容 C_L 的放电速度大于或等于调幅波包络下降的速度，即

$$R_L C_L \leqslant \frac{\sqrt{1-m_a^2}}{m_a \Omega_{max}} \tag{5-20}$$

上式表明，m_a 和 Ω 越大，包络下降速度就越快，则避免产生惰性失真所要求的 $R_L C_L$ 值就必须越小。在多频调制时，m_a 和 Ω 应取最大值。

(5) 底部切割失真

检波器的输出端经隔直电容 C_c 连接下一级的输入电阻 R_{i2}，要求 C_c 的容量大，才能传递低频信号。C_c 两端存在直流电压，基本不变，电压极性为左正右负，可以被看作一个直流电源。这个直流电源给 R_L 分的电压为

$$U_{RL}=\frac{R_L}{R_L+R_{i2}}U_{im}$$

U_{RL}电压极性为上正下负，相当于给检波管加了一个额外的反偏电压，它有可能阻止检波管导通，当调制系数 m_a 较小时，它不影响检波管的检波作用，但当调制系数 m_a 较大时，在调制信号包络线的负半周期间，输入信号幅值可能小于 U_{RL}，检波管截止，电容 C_L 只放电不充电，由于 C_L 容量很大，其两端电压放电很慢，使输出电压 $u_o(t)=U_{RL}$，输出信号不能跟随输入信号的包络变化，出现了底部切割失真，见图5-24，直到输入信号振幅大于 U_R 时，输出才能恢复正常。

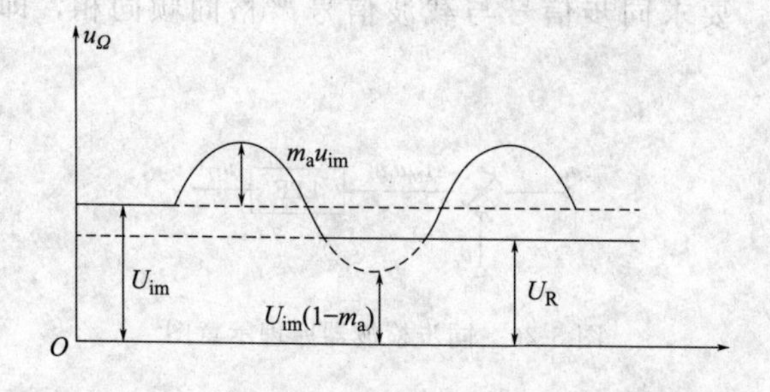

图 5-24 底部切割失真

为避免底部切割失真，必须使输入调幅波包络的最小值 $U_{im}(1-m_a)>U_{RL}$

令检波器的直流负载为 R_L，低频交流负载为 R_Ω，$R_\Omega=R_L /\!/ R_{i2}$，得

$$m_a<\frac{R_\Omega}{R_L} \tag{5-21}$$

底部切割失真产生原因：检波器的交、直流负载电阻不等和调幅系数较大。

克服措施：增大 R_{i2}，使 $R_\Omega \approx R_L$。

避免底部切割失真的改进电路如图 5-25 所示。图中将直流负载 R_L 分为 R_{L1} 和 R_{L2} 两部分，检波器的直流负载 $R_L=R_{L1}+R_{L2}$，交流负载 $R_\Omega=R_{L1}+R_{L2} /\!/ R_{i2}$，$C_1$ 用来

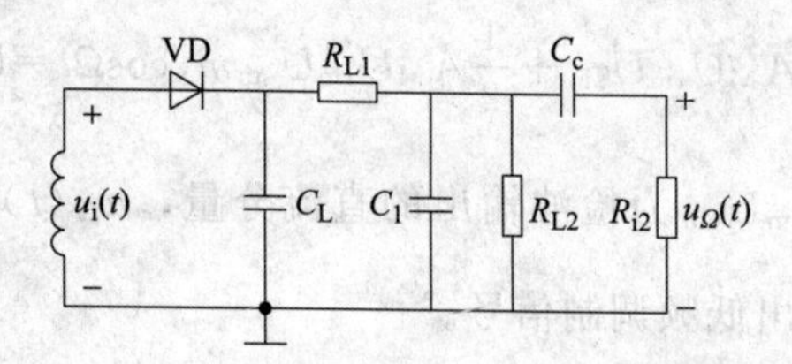

图 5-25 减小底部切割失真的电路

进一步滤除高频分量。当 R_L 一定时，R_{L1} 越大，检波器的交、直流负载电阻的差别就越小，越不易出现负峰切割失真。为了避免低频电压值过小，一般取 $R_{L1}=(0.1\sim0.2)R_{L2}$。

5.3.3 同步检波器

同步检波又称相干检波电路，它适用于 AM、DSB、SSB、VSB 的检波。同步检波器工作时，必须给非线性器件输入一个与载波同频同相并保持同步变化的同步信号。同步检波电路有两种实现电路，乘积型同步检波电路，叠加型同步检波电路。下面重点介绍乘积型。

5.3.3.1 电路模型

同步检波器由乘法器（或其他非线性器件）、低通滤波器和同步信号发生器组成，原理如图 5-26 所示。要求同步信号与载波信号严格同频同相，即同步信号 $u_r(t)=U_{rm}\cos\omega_c t$。

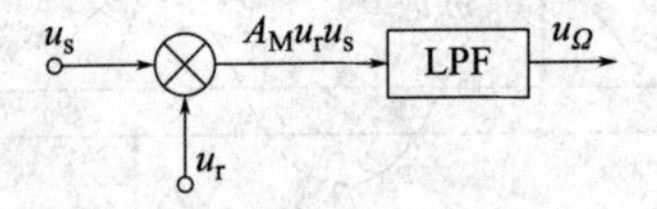

图 5-26　同步检波器原理示意图

5.3.3.2 检波原理

（1）当输入普通调幅波时

即 $u_s(t)=(1+m_a\cos\Omega t)\,U_{sm}\cos\omega_c t$ 时，相乘器输出电压 $u_o'(t)$ 为

$$\begin{aligned}u_o'(t)&=A_M U_{rm}U_{sm}(1+m_a\cos\Omega t)\cos^2\omega_c t\\&=\frac{1}{2}A_M U_{rm}U_{sm}+\frac{1}{2}A_M U_{rm}U_{sm}m_a\cos\Omega t+\frac{1}{2}A_M U_{rm}U_{sm}m_a\cos2\omega_c t\\&\quad+\frac{1}{4}A_M U_{rm}U_{sm}m_a\cos[(2\omega_c+\Omega)t]+\frac{1}{4}A_M U_{rm}U_{sm}m_a\cos[(2\omega_c-\Omega)t]\end{aligned}$$

经过低通滤波器 LPF 滤除 $2f_c$、$2f_c\pm F$ 频率分量后，检波器输出电压为

$$u_o(t)=\frac{1}{2}A_M U_{rm}U_{sm}+\frac{1}{2}A_M U_{rm}U_{sm}m_a\cos\Omega t=U_0+u_\Omega(t) \tag{5-22}$$

式中，$U_o=\frac{1}{2}A_M U_{rm}U_{cm}$ 为检波输出的直流分量，$u_\Omega(t)=\frac{1}{2}A_M U_{rm}U_{sm}m_a\cos\Omega t=U_{\Omega m}\cos\Omega t$ 为检波器输出低频调制信号。

（2）当输入双边带调幅信号时

即 $u_s(t)=U_{sm}\cos\Omega t\cos\omega_c t$，相乘器输出电压 $u_o'(t)$ 为

$$u'_o = A_M u_r(t) u_s(t)$$
$$= A_M U_{rm} U_{sm} \cos^2 \omega_c t \cos\Omega t$$
$$= \frac{1}{2} A_M U_{rm} U_{sm} \cos\Omega t + \frac{1}{4} A_M U_{rm} U_{sm} \cos(2\omega_c + \Omega)t + \frac{1}{4} A_M U_{rm} U_{sm} \cos(2\omega_c - \Omega)t$$

经过低通滤波器 LPF 滤除 $2f_c \pm F$ 频率分量后，就得到频率为 F 的低频信号

$$u_o(t) = \frac{1}{2} A_M U_{rm} U_{sm} \cos\Omega t = U_{\Omega m} \cos\Omega t \tag{5-23}$$

(3) 当输入单边带信号时

当输入单边带调幅信号时，即 $u_s(t) = U_{sm} \cos(\omega_c + \Omega)t$，相乘器输出电压 $u'_o(t)$ 为

$$u'_o = A_M u_r(t) u_s(t)$$
$$= A_M U_{rm} U_{sm} \cos[(\omega_c + \Omega)t] \cos\omega_c t$$
$$= \frac{1}{2} A_M U_{rm} U_{sm} \cos\Omega t + \frac{1}{2} A_M U_{rm} U_{sm} \cos(2\omega_c + \Omega)t$$

经过低通滤波器 LPF 滤除 $2f_c \pm F$ 频率分量后，就得到频率为 F 的低频信号

$$u_o(t) = \frac{1}{2} A_M U_{rm} U_{sm} \cos\Omega t = U_{\Omega m} \cos\Omega t \tag{5-24}$$

5.3.3.3 同步信号的获得

同步检波器工作时，要求参考信号 $u_r(t)$ 与载波同频同相，即保持严格的同步。若 $u_r(t)$ 与载波不能保持严格同步，即存在频偏 $\Delta\omega$、相偏 $\Delta\varphi$，将使检波器产生解调失真。

对于普通调幅波，因为普通调幅波中包含有载波分量，可将调幅波限幅去除包络变化，得到频率为 f_c 的方波，再用窄带滤波器取出频率为 f_c 的同步信号。

对于双边带调幅波，可采用直接提取法。将双边带调幅信号 $u_s(t) = U_{sm} \cos\Omega t \cos\omega_c t$ 取平方，从中取出频率为 $2f_c$ 的分量，经二分频器变换为频率为 f_c 的同步信号。

对于单边带调幅波，可以在传送单边带调幅波的同时，附带一个功率远低于边带信号功率的载波信号，称为导频信号，接收机接收到导频信号后，经放大后作为同步信号。也可以用导频信号去控制接收机载波振荡器，使之输出的同步信号与发送端载波信号同步。

5.4 混频器

混频的广泛应用于无线电广播、电视、通信接收机以及各种电子设备中，如超外差接收机，频率合成器等电路。

5.4.1 混频器组成及性能指标

5.4.1.1 混频电路的作用

混频就是将不同载频的已调信号不失真地变换为同一个固定载频的已调信号，而保持其调制规律不变。例如在超外差接收机中，常将天线接收到的载频为550～1650kHz中波段的各电台普通调幅信号变换为465kHz的中频普通调幅信号，把载频为88～108MHz的各调频信号变换为10.7MHz的调频信号成中频信号，把载频为40～1000MHz频带内各电视台信号变换为38MHz的视频信号。

混频器将信号频率变换成中频，在中频上放大信号，放大器的增益可做得很高而不自激，电路工作稳定，有助于提高接收机的灵敏度。混频后所得的中频频率是固定的，可以使电路结构简化。对于某一固定频率选择性可以做得很好。

混频电路的工作原理如图5-27所示。图中输入信号 $u_s(t)$ 是普通调幅波，$u_L(t)$ 称为本振信号，混频电路输出 $u_I(t)$ 是中频的调幅波，称为中频信号。

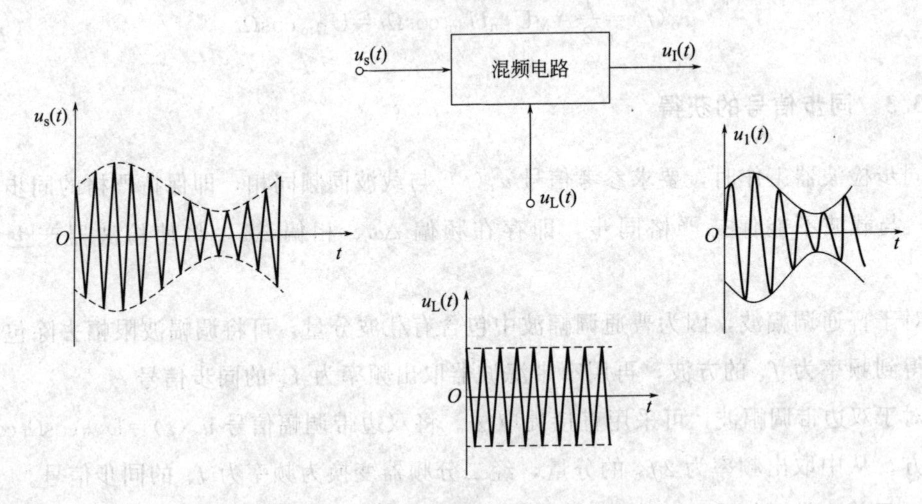

图5-27 混频电路的工作原理

从频谱关系看，混频的作用是把已调波的频谱不失真地由高频位置搬移到中频位置，因此，混频是频谱搬移电路，它与调幅、检波均属于频谱的线性搬移。

5.4.1.2 混频器组成

(1) 组成框图

混频器的组成框图如图5-28所示，它由非线性器件、本地振荡器和带通滤波器组成。其中非线性器件和本地振荡器合在一起又称为混频器。

本地振荡器用来产生本振信号；非线性器件将输入信号 $u_s(t)$ 与本振信号 $u_L(t)$

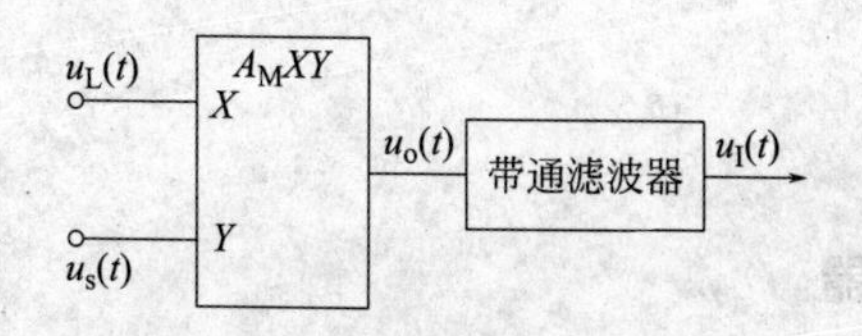

图 5-28　混频器的组成框图

进行混频，以产生新的频率，是混频器的核心器件；带通滤波器从各种频率中取出中频信号，同时抑制其他频率信号。

(2) 混频器的工作原理

设混频器的高频输入信号为等幅波，即 $u_s(t)=U_{sm}\cos\omega_c t$，而本振信号 $u_L(t)=U_{Lm}\cos\omega_L t$。非线性器件伏安特性的幂级数展开式为

$$i_1=\alpha_0+\alpha_1(u_s+u_L)+\alpha_2(u_s+u_L)^2+\cdots$$
$$=\alpha_0+\alpha_1(u_{sm}\cos\omega_c t+u_{Lm}\cos\omega_L t)+\alpha_2(u_{sm}\cos\omega_c t+u_{Lm}\cos\omega_L t)^2+\cdots$$

上式表明，i 中含有无限多个组合频率分量：

$$f_K=|\pm pf_L\pm qf_c|\,(p,q=0,1,2,\cdots) \tag{5-25}$$

组合频率分量含有差频 f_L-f_c 及和频 f_L+f_c 的频率成分（p，$q=1$），如果滤波器为中心频率为 f_I（$f_I=f_L-f_c$）的带通滤波器，则将选出差频成分，同时滤掉其他频率成分。

差频（或者和频）分量是由 $u_s(t)$ 和 $u_L(t)$ 的相乘项产生的。实际应用时，也可能取和频成分。一般情况下，取 $u_s(t)$ 和 $u_L(t)$ 的差频作为中频，取本振信号 f_L 高于信号频率 f_c，以减小本地振荡器的波段覆盖系数，使其稳定。

5.4.1.3　混频器的性能指标

(1) 混频（混频）增益

混频电压增益 A_{uc} 定义为混频器中频输出电压振幅 U_{im} 与高频输入信号电压振幅 U_{sm} 之比，即

$$A_{uc}=\frac{U_{im}}{U_{sm}} \tag{5-26}$$

混频增益越大，接收机的灵敏度就越强，但太大会使非线性干扰也大。

(2) 失真与干扰

混频器有频率失真和非线性失真。除此之外，还会产生各种非线性干扰，如组合频率、交叉调制和互相调制等干扰。所以对混频器不仅要求频率特性好，而且还要求混频器工作在非线性不太严重的区域，使之既能完成频率变换，又能抑制各种干扰。

5.4.2 混频器电路

5.4.2.1 模拟相乘混频器

模拟相乘混频器电路如图 5-29 所示。

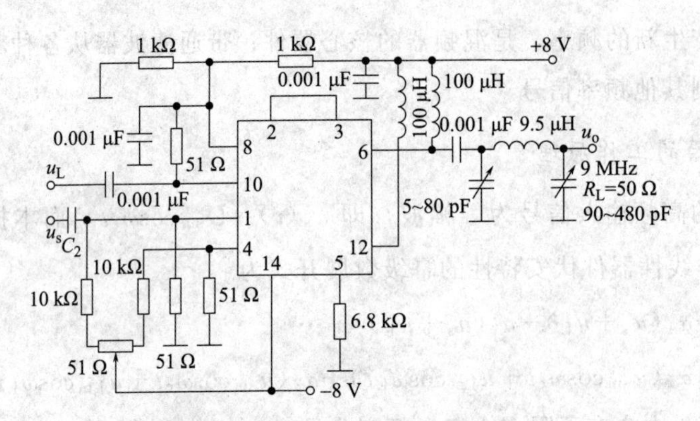

图 5-29 模拟相乘混频器电路

设输入调幅波 $u_s(t)=U_{sm}(1+m_a\cos\Omega t)\cos\omega_c t$，本振信号 $u_L(t)=U_{Lm}\cos\omega_L t$，则乘法器的输出电压为

$$u_o(t)=K_M u_s(t)u_L(t)=\frac{1}{2}K_M U_{sm}U_{Lm}(1+m_a\cos\Omega t)\cos(\omega_L+\omega_c)t$$
$$+\frac{1}{2}K_M U_{sm}U_{Lm}(1+m_a\cos\Omega t)\cos(\omega_L-\omega_c)t \tag{5-27}$$

经中心频率为 $f_I=f_L-f_c$，通带宽度为 $2F$ 的带通滤波器滤波后，得

$$u_o(t)=\frac{1}{2}K_M U_{sm}U_{Lm}(1+m_a\cos\Omega t)\cos(\omega_L-\omega_c)t$$
$$=U_{Im}(1+m_a\cos\Omega t)\cos\omega_I t$$

其中 $U_{Im}=\frac{1}{2}K_M U_{sm}U_{Lm}$，$\omega_I=\omega_L-\omega_c$。

5.4.2.2 晶体管混频器

晶体管混频器是利用晶体管的非线性特性实现混频的。其优点是具有较高的混频增益。常用于一般的接收机中。

(1) 电路形式

根据管子组态和本振电压注入方式不同，晶体管混频器有图 5-30 所示的四种基本电路形式。我们可以从不同角度分析它的特点。

图 5-30 (a)、(b) 都是共射组态，其增益高，故应用广泛；图 (c)、(d) 都是共基

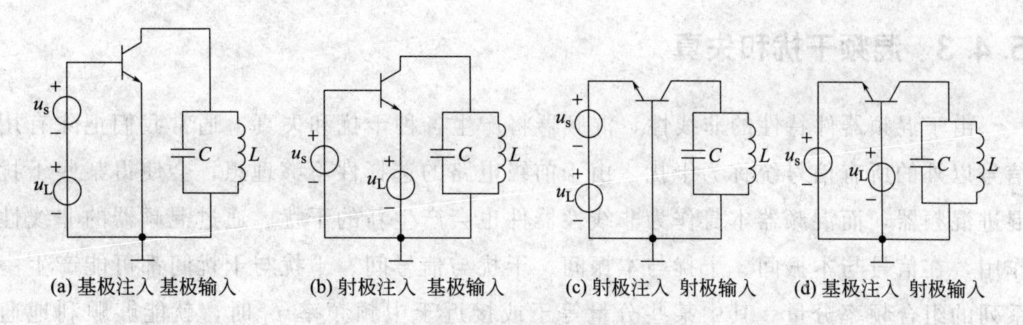

图 5-30　晶体管混频器的电路形式

组态，输入阻抗小，混频电压增益小，一般只用在频率较高的调频接收机中，在频率较低时一般不采用这种组态。

图（b）、(d）两信号分别接在管子的两极，故两信号影响小；图（a）、(c）两信号接在管子的同一极，故两信号影响大。

图（a）、(d）本振信号从基极注入，故所需功率小；图（b）、(c）本振信号从发射极注入，故所需功率大。

上述四种电路虽然各有不同特点，但它们的混频原理相同。因为尽管 u_L 的注入点与 u_s 的输入点不同，实际上 u_s 和 u_L 都是串接后加至管子的发射结，利用 i_c 与 u_{BE} 的非线性关系实现频率变换。

（2）中波调幅收音机混频电路

图 5-31 为典型的收音机混频器电路。输入信号与本振信号分别加到基极与射极。图中虚线表示电容同轴调谐。天线线圈 L_1 与电容 C_{1a}、C_2 组成输入回路，调谐在电台信号载波频率 f_c 上，从而选出所需要的电台信号 u_s，经变压器 T_1 输入到三极管 VT 的基极，振荡线圈 L_4、C_{1b}、C_6、C_7 组成的振荡回路调谐在本机振荡信号频率 f_L。本振信号 u_L 从 L_4 中心抽头与地之间通过 C_1 注入发射极，电台信号 u_s 与本振信号 u_L 在三极管中混频，产生的差频信号即中频信号 $f_I=f_L-f_c$ 经选频网络 L_5、C_3 选出，经变压器 T_3 输出到中放级。

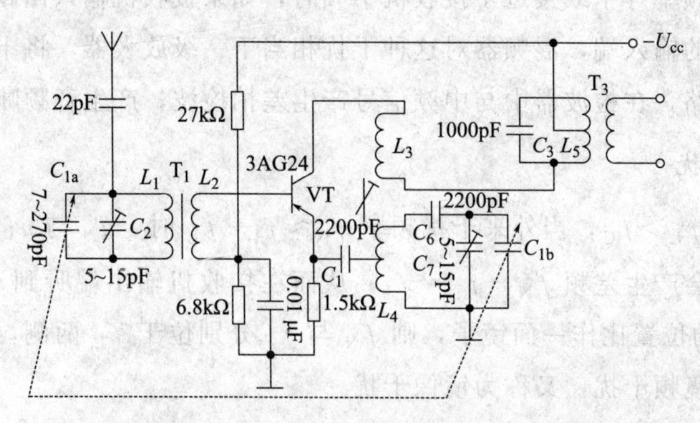

图 5-31　中波调幅收音机混频器典型电路

5.4.3 混频干扰和失真

由于混频器件特性的非线性，混频器将产生各种干扰和失真。通常我们把除有用信号以外的所有信号统称为干扰。由于前级电路的选择性不够理想，会使得某些干扰混进混频器，而混频器本身作为非线性器件也会产生新的干扰。通过混频器的非线性作用，在信号与本振间、干扰与本振间、干扰与信号间、干扰与干扰间都可能产生一系列的组合频率分量。其中某些分量等于或接近于中频频率 f_I 时，就能够顺利地通过中频放大器，经解调后，在输出端产生各种哨叫声或嘈杂的干扰声，影响正常信号的接收。

5.4.3.1 组合频率干扰（干扰啸声）

混频器本身的组合频率中无用频率分量所引起的干扰。对混频器而言，作用于非线性器件的两个信号为输入信号与本振电压，则非线性器件产生的组合频率分量为

$$f_K = |\pm pf_L \pm qf_c| \quad (p,q=0,1,2,\cdots) \tag{5-28}$$

当用中频为差频时，$f_I=f_L-f_c$ 或 $f_I=f_c-f_L$，只要 $pf_L-qf_c=f_I$ 或 $qf_c-pf_L=f_I$，就可能会形成干扰，即 $pf_L-qf_c\approx\pm f_I$，这些组合信号频率落在中频放大器的通频带内，它就与有用信号一起放大后加在检波器上。通过检波器的非线性作用，这些信号与中频信号产生差拍检波，产生音频，在扬声器上以啸叫的形式出现，故这种干扰称为组合频率干抗或干扰啸叫。

5.4.3.2 寄生通道干扰

通常把外来干扰信号与本振信号在混频器中产生接近于中频的组合频率干扰称为寄生通道干扰。设干扰信号频率为 f_N，则寄生通道干扰会满足下列关系式

$$f_K = |\pm pf_L \pm qf_N| \approx f_I \quad (p,q=0,1,2,\cdots) \tag{5-29}$$

（1）中频干扰

当干扰信号频率等于或接近于接收机中频时，如果接收机输入回路选择性不好，该信号进入混频器的输入端，混频器对这种干扰相当于一级放大器，将干扰放大，并顺利通过其后各级电路，在检波器中与中频信号产生差拍检波，产生音频啸叫，形成干扰。

（2）镜像干扰

设混频器中 $f_L>f_C$，当外来干扰频率 $f_N\approx f_I+f_L$ 时，u_N 与 u_L 共同作用在混频器的输入端，也会产生差频 $f_N-f_L=f_I$，从而在接收机输出端听到干扰电台的声音。如果将 f_L 所在的位置比作一面镜子，则 f_N 与 f_c 分别位于 f_L 两侧，且距离相等，互为镜像，故称为镜频干扰，又称为镜像干扰。

由于组合频率干扰和副波道干扰都是载波频率 f_c 或者干扰频率 f_N 与本振频率 f_L 经

过混频的非线性变换后，产生接近中频的分量引起的，因此这类干扰是混频器特有的。

抑制中频干扰和镜像干扰，必须提高混频器前面各级电路的选择性。

5.4.3.3　交叉调制干扰和互相调制干扰

(1) 交叉调制干扰

交叉调制干扰的现象表现为：当接收机对有用信号调谐，不仅听到有用信号的声音，还清楚地听到干扰电台的声音；若接收机对有用信号失谐时，干扰台也随之减弱，并随着有用信号的消失而消失，好像干扰电台的声音“调制”在有用信号的载波上，故称之为交叉调制失真，简称为交调。

(2) 互相调制干扰

两个（或多个）干扰信号与本振信号互相混频，产生的组合频率分量接近中频时，通过中放和检波后形成的干扰，称为互相调制干扰（简称互调干扰）。例如当接收2.4MHz的有用信号时，频率为1.5MHz和0.9MHz的两个电台（此时它们为干扰信号），因接收机前端电路选择性不好也进入混频器的输入端，它们的和频也为2.4MHz，从而形成互调干扰。

交调干扰和互调干扰是由晶体管非线性特性中的三次和更高次项产生的。互调干扰经检波后可以同时听到质量很差的有用信号和干扰电台的声音。互调干扰听到的是啸叫声和杂乱的干扰声而没有信号的声音，这种干扰通常叫阻塞。

综合混频级产生的非线性失真和各种干扰，可得出如下结论：

① 混频级产生的各种干扰都和干扰的电压大小有关。抑制它的主要方法是提高混频级前电路的选择性。

② 由于非线性而产生的组合频率干扰与输入信号大小有关，因此为使组合频率干扰减小，混频级输入端的信号电平不宜太大。若从输入信噪比考虑，则希望信号电平尽可能高，这两种要求是矛盾的，设计时必须全面考虑。

③ 混频器本身产生失真和干扰的原因是晶体管特性曲线中存在着三次和更高次非线性项。因此，适当地调整混频器的工作状态，使其工作在接近平方律区域，就能使失真大为减弱。若采用转移特性是平方律的混频器（如场效应管和模拟乘法器），将可大大减小这些失真。

频率变换电路的输出能够产生输入信号中没有的频率分量。频率变换功能必须由非线性器件实现，所以非线性器件特性分析是频率变换电路分析的基础。

三种调幅方式（普通调幅、双边带调幅和单边带调幅）对于相同调制信号产生的已调波信号的时域波形不一样，频谱不一样，带宽不完全一样，调制解调的实现方式和难度不一样，适用的通信系统也不一样。

从时域上看，两信号相乘是实现线性频谱搬移的最直接的方法，所以模拟乘法器是进行调幅、检波等频率变换的最常用的部件。

二极管峰值检波器由于电路简单而被广泛应用。但要注意，它只适用于普通调幅波的检波，而且要正确选择元器件的参数，以避免产生对角切割失真与底边切割失真。

混频是超外差式接收机的重要处理过程。混频虽然与调幅同属于线性频谱搬移过程，在工作原理上基本相同，但在参数和电路设计上认真考虑混频干扰的影响，采取措施尽量避免或减小混频干扰的产生及引起的失真。

思考与练习

1. 为了有效地实现基极调幅，调制器必须工作在__________状态，为了有效地实现集电极调幅，调制器必须工作在__________状态。

2. 为什么调制必须利用电子器件的非线性特性才能实现？它和放大器在本质上有什么不同？

3. 某调幅波表达式为 $u_{AM}(t)=(5+3\cos2\pi\times4\times10^3t)\cos2\pi\times465\times10^3t$

(1) 画出此调幅波的波形；

(2) 画出此调幅波的频谱图，并求带宽；

(3) 若负载电阻 $R_L=100\Omega$，求调幅波的总功率，给出调幅波表示式，画出波形和频谱。

4. 按题图 5-1 所示调制信号和载波频谱，画出普通调幅波频谱。

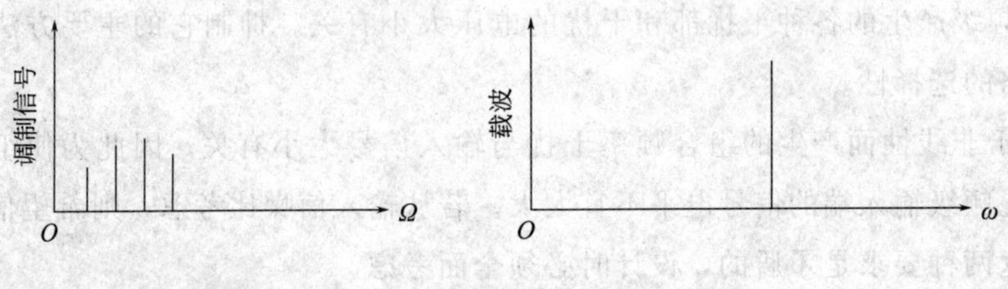

题图 5-1

5. 振幅检波器必须有哪几个组成部分？各部分作用如何？下列各图（见题图 5-2）能否检波？图中 R、C 为正常值，二极管为折线特性。

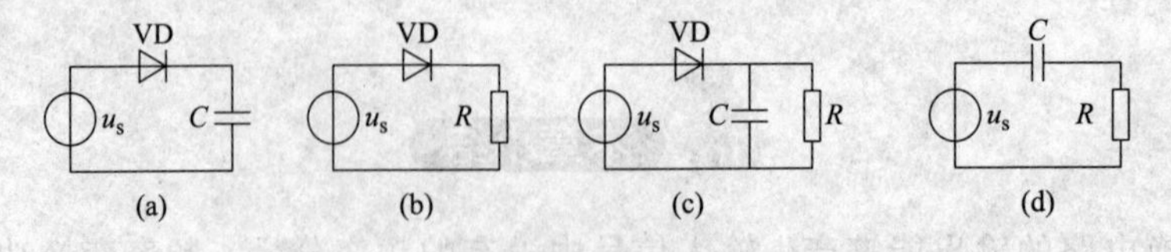

题图 5-2

6. 检波器电路如题图 5-3 所示。u_s 为已调波（大信号）。根据图示极性，画出 R_C 两端、C_g 两端、R_g 两端、二极管两端的电压波形。

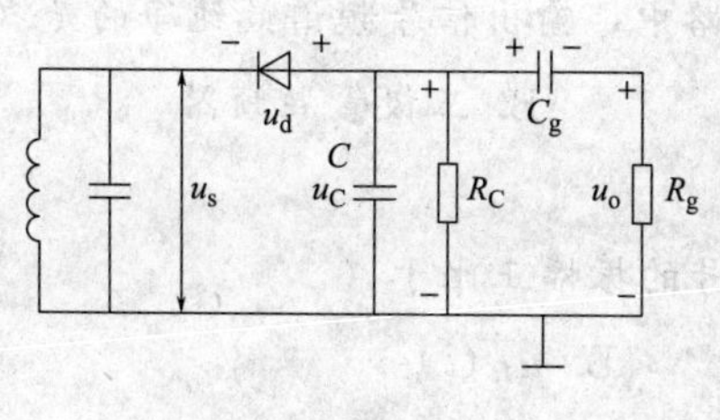

题图 5-3

7. 题图 5-4（a）为调制与解调方框图。试写出 u_1、u_2、u_3、u_4 的表示式，并分别画出它们的波形与频谱图。

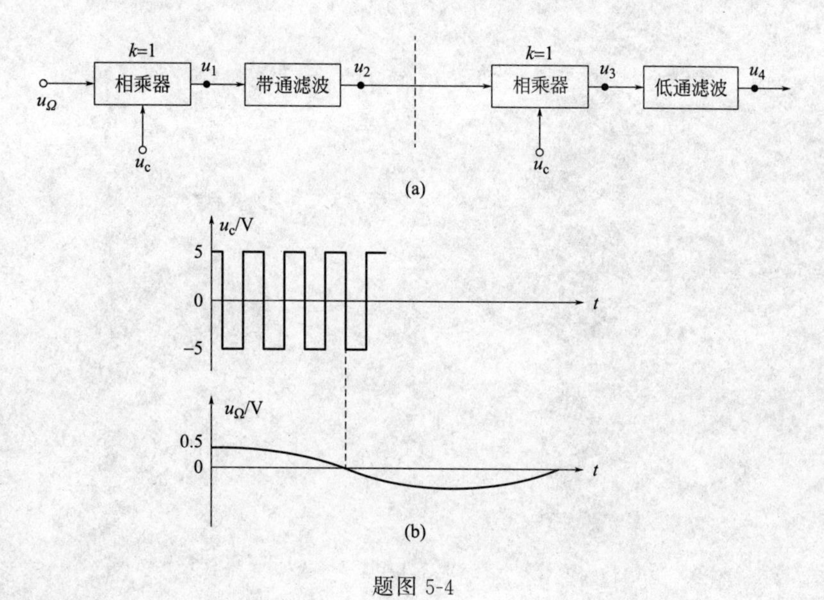

题图 5-4

8. 某超外差式广播收音机中，中频频率 $f_I=f_L-f_c=465\text{kHz}$。试分析下列现象属于何种干扰？又是如何形成的？

（1）当听到频率 $f_c=931\text{kHz}$ 的电台播音时，伴有音调约 1kHz 的啸叫声；

（2）当收听频率 $f_c=550\text{kHz}$ 的电台播音时，听到频率为 1480kHz 的强电台播音；

（3）当听到频率 $f_c=1480\text{kHz}$ 的电台播音时，听到频率为 740kHz 的强电台播音。

9. 调幅、混频均为________频率变换，调角为________频率变换。

10. 已知调制信号 $u_\Omega=U_{\Omega m}\cos\Omega t$，载波 $u_c=U_{cm}\cos\omega_c$（$\omega_c\gg\Omega$），调幅度为 m_a。

（1）写出 AM 波、DSB 波、SSB 波的数学表达式。

（2）画出对应的波形图和频谱图。

（3）写出对应的频带宽度 BW 表达式。

11. 二极管峰值包络检波器适用于哪种调幅波的解调（　　）。

A. 单边带调幅波　　　　B. 抑制载波双边带调幅波

C. 普通调幅波　　　　　D. 残留边带调幅波

12. 以下几种混频器电路中，输出信号频谱最纯净的是（　　）。

A. 二极管混频器　　B. 三极管混频器

C. 模拟乘法器混频器

13. 双边带（DSB）信号的振幅正比于（　　）。

A. U_Ω　　B. $u_\Omega(t)$　　C. $|u_\Omega(t)|$

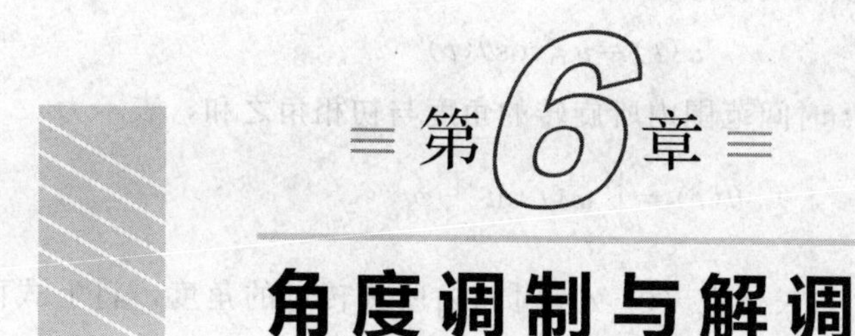

第6章 角度调制与解调

6.1 角度调制的分析

6.1.1 角度调制的原理

所谓调制，就是用信号去控制高频载波信号的某个参数，使该参数按照调制信号的规律变化。调幅波即是用调制信号去控制高频载波信号的振幅，使之与调制信号呈线性关系，其他参数（如频率和相位）不变。

本章所研究的角度调制，是用调制信号去控制高频载波的频率或相位。载波信号的频率随调制信号线性变化，称为频率调制，简称为调频（FM）；载波信号的相位随调制信号规律线性变化，称为相位调制，简称为调相（PM）。调频与调相都表现为载波信号的瞬时相位受到调变，但振幅保持不变，所以把调频与调相统称为角度调制，简称为调角。

频谱方面，在振幅调制系统中，调制的结果是实现了频谱的线性搬移；在角度调制系统中，尽管也完成了频谱搬移，但并没有线性对应关系，调制的结果产生的是频谱的非线性移动。所以，角度调制与解调与振幅调制与解调在电路结构上存在明显的不同。

与振幅调制相比，角度调制的主要优点是抗干扰性强。调频主要应用于调频广播、广播电视、无线通信及遥测等。调相主要应用于数字通信系统中的移相键控。

6.1.2 瞬时频率与瞬时相位

角度调制的时候，载波信号的频率或相位是不断变化的，为了便于理解，可以用旋转矢量图来说明瞬时频率与瞬时相位的概念。如图 6-1 所示，旋转矢量长度为 u_m，围绕原点逆时针方向旋转，角速度为 $\omega(t)$。$t=0$ 时，矢量与实轴正方向的夹角 φ_0 称为初相位（即旋转矢量初始位置，一般令 $\varphi_0=0$）；矢量与实轴之间的夹角为 $\theta(t)$，称为瞬

时相位。因此旋转矢量在实轴的投影为

$$u(t)=u_{m}\cos\theta(t) \tag{6-1}$$

瞬时相位等于矢量在 t 时间范围内所旋转的角度与初相角之和，表示为

$$\theta(t)=\int_{0}^{t}\omega(t)\mathrm{d}t+\varphi_{0} \tag{6-2}$$

公式中积分 $\int_{0}^{t}\omega(t)\mathrm{d}t$ 为矢量在（0，t）时间内所旋转过的角度。将上式两边同时取微分，得

$$\omega(t)=\frac{\mathrm{d}\theta(t)}{\mathrm{d}t} \tag{6-3}$$

说明瞬时角频率等于瞬时相位对时间的变化率。

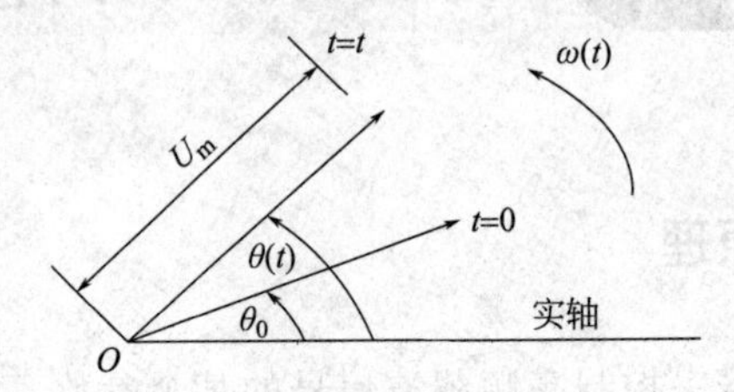

图 6-1　余弦信号的矢量表示

公式（6-2）与公式（6-3）是角度调制中的两个基本关系式。由于瞬时频率与瞬时相位之间存在微分与积分的关系，调频与调相之间也存在着密切的关系，即调频必调相，调相必调频。

6.1.3　调频信号

（1）调频信号数学表达式

设载波信号电压为 $u_{c}(t)=U_{cm}\cos(\omega_{c}t+\varphi_{0})$，单频调制信号 $u_{\Omega}(t)=U_{\Omega m}\cos\Omega t$。调频是指载波幅度不变，瞬时角频率随调制信号线性变化而实现的调制，即 $\Delta\omega(t)=k_{f}u_{\Omega}(t)$，调频波的瞬时角频率可表示为

$$\omega(t)=\omega_{c}+k_{f}u_{\Omega}(t)=\omega_{c}+k_{f}U_{\Omega m}\cos\Omega t=\omega_{c}+\Delta\omega_{m}\cos\Omega t \tag{6-4}$$

$$\Delta\omega_{m}=k_{f}\left|u_{\Omega}(t)\right|_{max}=k_{f}U_{\Omega m}=2\pi\Delta f_{m} \tag{6-5}$$

式中，k_{f} 称为调频灵敏度；$\Delta\omega_{m}$ 和 Δf_{m} 分别称为调频波的最大角频偏和最大频偏。

对式（6-4）积分可得调频波的瞬时相位为

$$\theta(t)=\int_{0}^{t}\omega(t)\mathrm{d}t+\varphi_{0}=\omega_{c}t+k_{f}\int_{0}^{t}u_{\Omega}(t)\mathrm{d}t+\varphi_{0}$$

为简化分析，令积分常数 $\varphi_0=0$，则

$$\begin{aligned}\theta(t)&=\omega_c t+k_f\int_0^t u_\Omega(t)\mathrm{d}t\\&=\omega_c t+\frac{k_f U_{\Omega m}}{\Omega}\sin\Omega t\\&=\omega_c t+m_f\sin\Omega t\end{aligned}\tag{6-6}$$

分析说明：在调频时，瞬时角频率的变化与调制信号呈线性关系，瞬时相位的变化与调制信号的积分呈线性关系。

调频波的数学表达式即为

$$u_{FM}(t)=U_{cm}\cos\left[\omega_c t+\frac{k_f U_{\Omega m}}{\Omega}\sin\Omega t\right]=U_m\cos[\omega_c t+m_f\sin(\Omega t)]\tag{6-7}$$

(2) 调频信号的参数

1）调频灵敏度 k_f

$$k_f=\frac{\Delta\omega_m}{U_{\Omega m}}$$

或

$$k_f=\frac{\Delta f_m}{U_{\Omega m}}$$

它表示调频电路中调制信号的振幅 $U_{\Omega m}$ 对瞬时频率的控制能力，k_f 越大，控制灵敏度越高。

k_f 的单位为 rad/s·V 或 Hz/V。

2）最大角偏移 $\Delta\omega_m$

$$\Delta\omega_m=2\pi\Delta f_m=k_f U_{\Omega m}$$

它表示调频电路中调制信号的振幅 $U_{\Omega m}$ 产生的瞬时角频率偏移的最大值，其值大小反映频率受调制的幅度。调频波的频偏与调制信号的幅度 $U_{\Omega m}$ 成正比，而与调制信号频率 F 无关，这是调频波与调相波的根本区别。

3）调频指数 m_f

$m_f=\frac{\Delta\omega_m}{\Omega}=\frac{\Delta f_m}{F}=\frac{k_f U_{\Omega m}}{\Omega}$，它反映调制信号引起的最大相位偏移，调频波的调频指数与调制信号的幅度 $U_{\Omega m}$ 成正比，而与 F 成反比。

(3) 调频信号波形

调频信号的有关波形如图 6-2 所示。图（a）为调制信号波形，图（b）为调频波波形，图（c）为调频波瞬时角频率变化规律，图（d）为调频信号的附加相位变化 $\Delta\varphi(t)=m_f\sin(\Omega t)$。

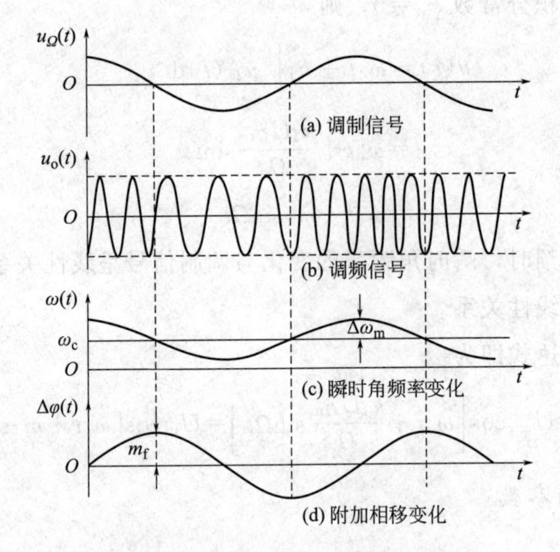

图 6-2　调频信号波形

6.1.4　调相信号

6.1.4.1　调相信号的数学表达式与波形

(1) 调相信号的数学表达式

调相信号是指载波幅度不变，瞬时相位随调制信号线性变化而实现的调制。设载波信号电压为 $u_c(t)=U_{cm}\cos(\omega_c t+\varphi_0)$，单频调制信号 $u_\Omega(t)=U_{\Omega m}\cos\Omega t$，则调相信号的瞬时相位为

$$\theta(t)=\omega_c t+k_P u_\Omega(t)=\omega_c t+\Delta\theta(t)=\omega_c t+k_P U_{\Omega m}\cos\Omega t \tag{6-8}$$

式中，$\Delta\theta(t)=k_P u_\Omega(t)=k_P U_{\Omega m}\cos\Omega t$ 为随调制信号而变的附加相位偏移，k_p 为调相灵敏度，单位是 rad/v。故调相信号的数学表达式为

$$u_{PM}(t)=U_{cm}\cos[\omega_c t+k_p U_{\Omega m}\cos\Omega t]=U_{cm}\cos[\omega_c t+m_p\cos\Omega t] \tag{6-9}$$

公式中 $m_P=k_P U_{\Omega m}$ 为调相指数，它反映调相波的最大附加相位移。

调相波的瞬时角频率为

$$\omega(t)=\frac{d\theta(t)}{dt}=\omega_c+k_p\frac{du_\Omega(t)}{dt}=\omega_c-m_p\Omega\sin(\Omega t)$$

$$=\omega_c-\Delta\omega_m\sin(\Omega t) \tag{6-10}$$

式中，$\Delta\omega_m=m_p\Omega$，为调相波的最大角频率偏移。

(2) 调相信号的波形

调相信号的波形如图 6-3 所示。

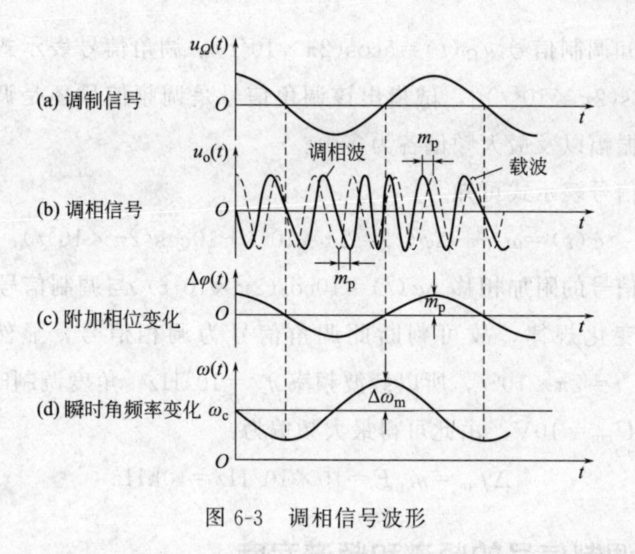

图 6-3　调相信号波形

6.1.4.2　调频信号与调相信号的比较

调频与调相信号的有关表达式如表 6-1 所示。可以看出：

① 调制前后载波振幅不变，调频信号与调相信号都是等幅波。

② 调频信号与调相信号的瞬时角频率、瞬时相位都同时随时间发生变化，只是变化规律不同。

③ 无论调频还是调相，最大频移 $\Delta\omega_m$ 与调制指数 m 之间的关系都是 $\Delta\omega_m=m\Omega$ 或 $\Delta f_m=mF$。

④ 调频波的最大频移 $\Delta\omega_m$ 与调制频率 Ω 无关，与 $U_{\Omega m}$ 成正比，调频指数 m_f 则与 Ω 成反比；而调相波的最大频移 $\Delta\omega_m$ 与 Ω 成正比，调相指数 m_p 则与 Ω 无关，这是两种调制的根本区别。

表 6-1　调频信号与调相信号的比较

载波 $u_c(t)=U_{cm}\cos(\omega_c t+\varphi_0)$		调制信号 $u_\Omega(t)=U_{\Omega m}\cos\Omega t$
项目	调频	调相
瞬时角频率 $\omega(t)$	$\omega(t)=\omega_c+k_f u_\Omega(t)=\omega_c+k_f U_{\Omega m}\cos\Omega t$ $=\omega_c+\Delta\omega_m\cos\Omega t$	$\omega(t)=\omega_c+k_p\dfrac{du_\Omega(t)}{dt}=\omega_c-m_p\Omega\sin(\Omega t)$
瞬时相位 $\theta(t)$	$\theta(t)=\omega_c t+k_f\int_0^t u_\Omega(t)dt$ $=\omega_c t+\dfrac{k_f U_{\Omega m}}{\Omega}\sin\Omega t$ $=\omega_c t+m_f\sin\Omega t$	$\theta(t)=\omega_c t+k_p u_\Omega(t)=\omega_c t+k_p U_{\Omega m}\cos\Omega t$ $=\omega_c t+m_p\cos\Omega t$
数学表达式	$u_{FM}(t)=U_{cm}\cos[\omega_c t+m_f\sin(\Omega t)]$	$u_{PM}(t)=U_{cm}\cos[\omega_c t+m_p\cos\Omega t]$
最大角频移	$\Delta\omega_m=k_f\|u_\Omega(t)\|_{max}=k_f U_{\Omega m}=m_f\Omega$	$\Delta\omega_m=k_p\left\|\dfrac{du_\Omega(t)}{dt}\right\|_{max}=k_p U_{\Omega m}\Omega=m_p\Omega$
最大相移	$k_f\left\|\int_0^t u_\Omega(t)dt\right\|_{max}=m_f=\dfrac{\Delta\omega_m}{\Omega}$ $=\dfrac{\Delta f_m}{F}=\dfrac{k_f U_{\Omega m}}{\Omega}$	$k_p\|u_\Omega(t)\|_{max}=m_p=\dfrac{\Delta\omega_m}{\Omega}=\dfrac{\Delta f_m}{F}=k_p u_{\Omega m}$

【例 6-1】已知调制信号 $u_\Omega(t)=5\cos(2\pi\times10^3t)$，调角信号表示式为 $u_0(t)=10\cos[2\pi\times10^6t+10\cos(2\pi\times10^3t)]$，试指出该调角信号是调频信号还是调相信号？调制指数、载波频率、振幅以及最大频偏各为多少？

解：由调角信号表示式可知

$$\varphi(t)=\omega_c t+\Delta\varphi(t)=2\pi\times10^6t+10\cos(2\pi\times10^3t)$$

可见，调角信号的附加相移 $\Delta\varphi(t)=10\cos(2\pi\times10^3t)$ 与调制信号 $u_\Omega(t)$ 变化规律相同，均为余弦变化规律，故可判断此调角信号为调相信号，显然调相指数 $m_p=10\text{rad}$。又因为 $\omega_c t=2\pi\times10^6t$，所以载波频率 $f_c=10^6\text{Hz}$。角度调制时，载波振幅保持不变，载波振幅 $U_{cm}=10\text{V}$。由此可得最大频偏为：

$$\Delta f_m=m_pF=10\times10^3\text{Hz}=10\text{kHz}$$

6.1.5 角度调制信号的频谱和频谱宽度

6.1.5.1 调角信号的频谱

由表 6-1 可以看出，调频信号和调相信号的数学表达式相似，只分析其中一种的频谱即可。所不同的是一个用 m_f，一个用 m_p。将调频信号 $u_{FM}(t)=U_{cm}\cos[\omega_c t+m_f\sin(\Omega t)]$ 展开得

$$\begin{aligned}u(t)&=U_{cm}[\cos(m_f\sin\Omega t)\cos\omega_c t-\sin(m_f\sin\Omega t)\sin\omega_c t]\\&=U_{cm}J_0(m_f)\cos\omega_c t+U_{cm}J_1(m_f)[\cos(\omega_c+\Omega)t-\cos(\omega_c-\Omega)t\\&\quad+U_{cm}J_2(m_f)[\cos(\omega_c+2\Omega)t+\cos(\omega_c-2\Omega)t]\\&\quad+U_{cm}J_3(m_f)[\cos(\omega_c+3\Omega)t-\cos(\omega_c-3\Omega)t]+\cdots\end{aligned}\tag{6-11}$$

式中，贝塞尔函数 $J_n(m)$ 是以 m 为系数的 n 阶第一类贝塞尔函数曲线。

图 6-4 所示为调角信号的频谱。

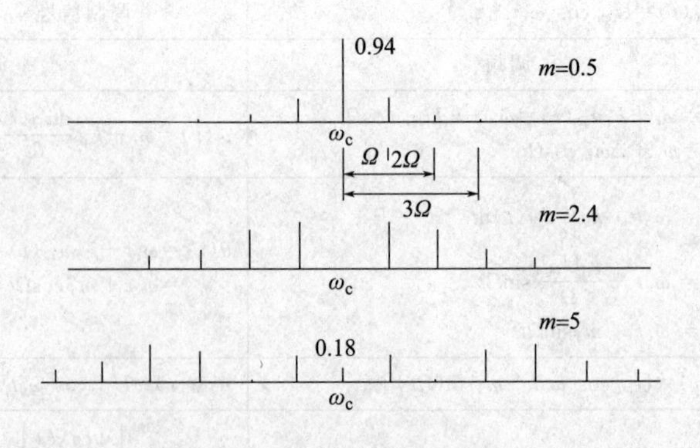

图 6-4 调角信号的频谱

单音调制时，调频信号具有无穷对边频分量，它们分布在载频 ω_c 的两侧的 $\omega_c\pm n\Omega$ 位置上。因此角度调制不是调制信号频谱的线性搬移，而是频谱的非线性转换。

载频及各边频分量的振幅由对应的各阶贝塞尔函数 $J_n(m_f)$ 而决定，故载频与各边频分量幅值大小有起伏。当 n 增大到一定值后，$J_n(m_f)$ 函数值会迅速减小，边频分量幅值很小而可以忽略不计，因此，调频信号的能量大部分集中在载频附近。

频谱的结构与 m_f 有密切的关系。m_f 越大，具有较大振幅的边频分量就越多，载频幅值与 m_f 有关，并不总是最大，有时可能为 0。

当调制信号频率一定，增大 $\Delta\omega_m$ 使 m_f 增大，则有影响的边频分量数增多，频谱就会展宽。当 $\Delta\omega_m$ 一定，减小 Ω 使 m_f 增大，尽管有影响的边频分量数目增加，但因谱线间的间隔同比减少，因而频谱宽度基本不变。

6.1.5.2　调角信号的带宽

由于调角信号具有无穷对边频分量，因此理论上调角信号的带宽为无限宽。但是，由于调角信号的能量主要集中在载频附近，工程上规定：凡是振幅小于未调制载频振幅的 1%（或 10%，根据不同要求而定）的边频分量均可忽略不计，不会对调角信号波形产生明显失真。因此，调角信号的频谱带宽实际上可以认为是有限的。

保留下来的频谱分量就确定了调频波的频带宽度。理论上证明，当 $l>m+1$ 时，$J_l(m_f)$ 的数值都是恒小于 0.1。因此，调角波的有效频谱宽度，可由卡森公式估算（称卡森带宽），BW_{CR} 介于 $BW_{0.1}$ 和 $BW_{0.01}$ 之间，但比较接近于 $BW_{0.1}$。

$$BW_{CR}=2(m+1)F=2(\Delta f_m+F) \tag{6-12}$$

根据 Δf_m 的不同，调频制可以分为宽带和窄带两种。

当 $m\ll 1$（工程上规定 $m<0.25$rad）时，则 $BW_{CR}\approx 2F$，带宽等于调制频率的两倍，通常将这种调角信号称为窄带调角信号。

当 $m\gg 1$ 时，则有 $BW_{CR}\approx 2\Delta f_m$，频谱宽度约为频偏的两倍，通常将这种调角信号称为宽带调角信号。当调制信号幅度 $U_{\Omega m}$ 不变，调频信号的 Δf_m 一定，所以调频波的带宽不会随着调制信号的频率变化而发生明显的变化。

当调制信号不是单一频率时，其频谱要比单频调制时复杂得多。实践证明，复杂信号调制时，仍可以用来计算调频信号的有效频谱带宽，仅需将其中的 F 用调制信号中的最高频率 F_{max} 取代，Δf_m 用最大频偏 $(\Delta f_m)_{max}$ 取代。例如：在调频广播系统中，按国家标准规定 $F_{max}=15$kHz，$(\Delta f_m)_{max}=75$kHz，计算得到 $BW=2\left[\frac{(\Delta f_m)_{max}}{F_{max}}+1\right]F_{max}$，实际选取的频谱宽度为 200kHz。

调相波的频谱、带宽、功率分析与调频信号相同。调相波的带宽也为 $BW_{CR}=2(m+1)F=2(\Delta f_m+F)$。调频波与调相波的频谱结构以及频带宽度与调制指数有密切的关系。调制指数越大，具有较大振幅的边频分量就越多，这是调频波与调相波共同的特性。但是调相波 m_p 与 F 无关，在 $U_{\Omega m}$ 一定时（m_p 不变），调相波带宽与 F 成正比。当调制信号幅度 $U_{\Omega m}$ 恒定时，改变调制信号频率 F 时，调相波的带宽跟随改变，这就是模拟通信系统很少采用调相的主要原因。

6.1.5.3 调频波的平均功率

调频波的平均功率等于各个频率分量平均功率之和。因此，平均功率

$$P_{\mathrm{av}}=\frac{1}{2}\frac{U_{\mathrm{cm}}}{R_{\mathrm{L}}}\{J_0^2(m)+2[J_1^2(m)+J_2^2(m)+\cdots+J_n^2(m)]\}$$

根据第一类贝塞尔函数的性质，上式中括号内各项之和恒等于1，所以平均功率为

$$P_{\mathrm{av}}=\frac{1}{2}\frac{U_{\mathrm{cm}}}{R_{\mathrm{L}}} \tag{6-13}$$

可见，调角波的平均功率与调制前的载波功率相等。这说明，调制的作用仅是将原来的载波功率重新分配到各个边频上，而总的功率不变。这一点与调幅波完全不同。适当选择 m_{f} 的大小，可使载波分量携带的功率很小，绝大部分功率由边频分量携带，从而提高调频系统设备的利用率和提高调频系统接收机输出端的信噪比。所以，调频指数越大，调频波的抗干扰能力越强，但是调频波占有的有效频谱宽度也就越宽。因此，调频制抗干扰能力的提高是以增加有效带宽为代价的。

另外，在模拟信号调制中，可以证明当系统带宽相同时，调频系统接收机输出端的信号噪声比明显优于调相系统。在数字通信中，相位键控的抗干扰能力优于频率键控和幅度键控，因而调相制在数字通信中获得了广泛应用。

6.2 调频电路

6.2.1 调频电路的实现方法与性能指标

6.2.1.1 调频电路的实现方法

产生调频信号的电路称为调频器或调频电路。对于调频电路通常分为直接调频和间接调频。

直接调频是用调制信号直接控制主振荡回路元件的参量 L 或 C，使主振荡回路的振荡频率受到控制，使它在载频的上、下按调制信号的规律变化。这种方法原理简单，频偏较大，但中心频率不易稳定。

间接调频是先将调制信号积分，然后对载波信号进行调相，从而获得调频信号。间接调频电路的核心是调相，它的特点是调制可以不在主振荡电路中进行，易于保护中心频率的稳定，但不易获得大的频偏。

6.2.1.2　调频电路的性能指标

调频电路的主要性能指标有中心频率及其稳定度、最大频偏、非线性失真及调制灵敏度等。

(1) 调频信号的中心频率

调频信号的中心频率就是载波频率 f_c。中心频率的准确度与稳定度越高越好，这样可以保证接收机正常接收信号。

(2) 最大频偏 Δf_m

最大频偏 Δf_m 指的是在正常调制电压作用下所能产生的最大频率偏移量，它是根据对调频指数的要求来确定的。不同的调频系统要求有不同的最大频偏 Δf_m。当调制电压幅度一定时，要求 Δf_m 在调制信号频率范围内保持不变。

(3) 调频信号的线性度

调频信号的频率偏移与调制电压的关系称为调制特性，实际调频电路中调制特性不可能呈线性，而会产生非线性失真。不过在一定的调制电压范围内，尽量提高调制线性度是必要的。

(4) 调制灵敏度

调制特性的斜率称为调制灵敏度，调制灵敏度越高，单位调制电压所产生的频率偏移就越大。

6.2.2　变容二极管直接调频电路

由于变容二极管工作频率范围宽，固有损耗小，使用方便，构成的变频电路简单，变容二极管直接调频电路是一种应用非常广泛的直接调频电路。

6.2.2.1　原理电路

变容二极管直接调频电路是将变容二极管接入 LC 正弦波振荡器的谐振回路构成的调频振荡器，如图 6-5 所示，图中，L 和变容二极管组成谐振回路，虚方框内为变容二极管的控制电路。$u_\Omega(t)$ 为调制信号电压，直流电压 U_Q 用来提供变容二极管的反向偏压，同时还应保证由 U_Q 值决定的振荡频率等于所要求的载波频率。C_3 为高频滤波电容，对高频的容抗很小，接近短路，而对调制频率的容抗很大，接近开路。L_1 为高频扼流圈，它对高频的感抗很大，接近开路，而对直流和调制频率接近短路；隔直流电容 C_1 和 C_2，对高频接近短路，起耦合作用，对于直流和调制频率信号接近开路。对高频而言，L_1 开路、C_3 短路，可得高频通路，如图 6-5 (b) 所示，其振荡频率可由下式确定

$$\omega=\frac{1}{\sqrt{LC_{\mathrm{j}}}} \tag{6-14}$$

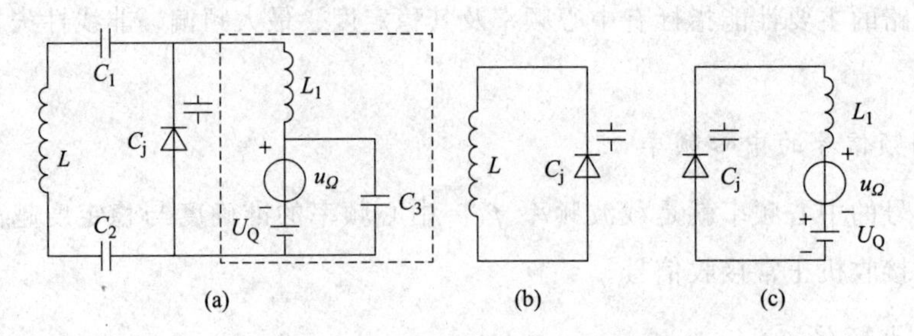

图 6-5 变容二极管直接调频电路

又由变容二极管结电容 C_{j} 与其反向偏置电压 u 的关系为

$$C_{\mathrm{j}}=\frac{C_{\mathrm{j0}}}{\left(1+\dfrac{u}{U_{\mathrm{VD}}}\right)^{\gamma}} \tag{6-15}$$

式中，U_{VD}为 PN 结的势垒电容；C_{j0} 为 $u=0$ 时的结电容；γ 为电容变化指数。

设调制电压 $u_\Omega(t)=U_{\Omega\mathrm{m}}\cos\Omega t$，忽略高频振荡电压，直流和调制信号通路，如图 6-5（c）所示，则变容二极管两端电压为

$$u=-[U_{\mathrm{Q}}+u_\Omega(t)]=-(U_{\mathrm{Q}}+U_{\Omega\mathrm{m}}\cos\Omega t) \tag{6-16}$$

将式（6-16）代入式（6-15），则变容二极管结电容与调制信号电压变化的规律，即

$$C_{\mathrm{j}}=\frac{C_{\mathrm{j0}}}{\left[1+\dfrac{1}{U_{\mathrm{VD}}}(U_{\mathrm{Q}}+U_{\Omega\mathrm{m}}\cos\Omega t)\right]^{\gamma}}=\frac{C_{\mathrm{jQ}}}{(1+m_{\mathrm{c}}\cos\Omega t)^{\gamma}} \tag{6-17}$$

式中，

$$C_{\mathrm{jQ}}=\frac{C_{\mathrm{j0}}}{\left(1+\dfrac{U_{\mathrm{Q}}}{U_{\Omega\mathrm{m}}}\right)^{\gamma}},\quad m_{\mathrm{c}}=\frac{U_{\Omega\mathrm{m}}}{U_{\mathrm{Q}}+U_{\Omega\mathrm{m}}}$$

C_{jQ}为变容二极管在 U_{Q} 作用下所呈现的电容，m_{c} 为变容二极管的电容调制度。

将式（6-17）代入式（6-14），则调频波的中心频率为：

$$\omega(t)=\frac{1}{\sqrt{LC_{\mathrm{jQ}}}}(1+m_{\mathrm{c}}\cos\Omega t)^{\frac{\gamma}{2}}=\omega_{\mathrm{c}}(1+m_{\mathrm{c}}\cos\Omega t)^{\frac{\gamma}{2}} \tag{6-18}$$

式中，$\omega_{\mathrm{c}}=\dfrac{1}{\sqrt{LC_{\mathrm{JQ}}}}$，为 $u_\Omega(t)=0$ 时的振荡角频率，即调频信号的中心角频率。

当 $\gamma=2$ 时，式（6-18）可以写为

$$\omega_{\mathrm{c}}(t)=\omega_{\mathrm{c}}(1+m_{\mathrm{c}}\cos\Omega t)=\omega_{\mathrm{c}}+\omega_{\mathrm{c}}m_{\mathrm{c}}\cos\Omega t=\omega_{\mathrm{c}}+\Delta\omega_{\mathrm{m}}\cos\Omega t \tag{6-19}$$

由式（6-19）可知，当 $\gamma=2$ 时，振荡角频率随调制信号线性变化，从而实现线性调频，调频波的最大角频偏 $\Delta\omega_{\mathrm{m}}=\omega_{\mathrm{c}}m_{\mathrm{c}}$。

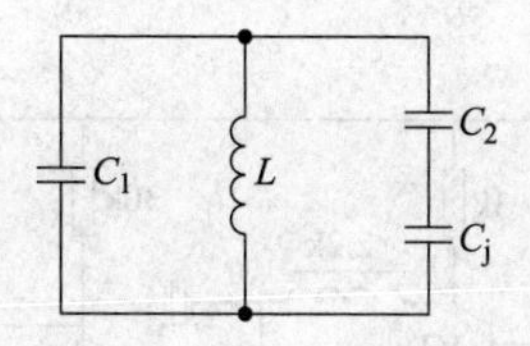

图 6-6　变容二极管部分接入振荡回路

应当指出，当 $\gamma \neq 2$ 时，调制信号的非线性会造成调频失真和调频波的中心频率发生偏离。同时，温度或偏置电压变化对变容二极管结电容的影响，也会造成调频波中心频率的不稳定。所以在实际应用中，常采用变容二极管部分接入振荡回路方式，如图 6-6 所示。图中，变容二极管与一个小电容 C_2 串联，同时在回路中并联一个电容 C_1。

6.2.2.2　直接调频实际电路

图 6-7（a）为变容二极管直接调频实际电路。调制信号 u_Ω 通过 22μH 高频扼流圈加到变容二极管上，1000μF 电容起高频滤波作用。该电路中心频率为 90MHz，图中的 1000μF 电容对 90MHz 信号起短路作用，22μH 扼流圈对 90MHz 信号起开路作用。为提高中心频率的稳定性，该电路采用变容二极管通过 15pF 和 39pF 电容部分接入振荡回路，但获得相对频偏减小，可以三极管 VT 为中心，和变容二极管部分接入一起组成电容三点式振荡电路，见图 6-7（b），变容二极管反向偏置电压 U_Q 经分压电阻分压后供给。

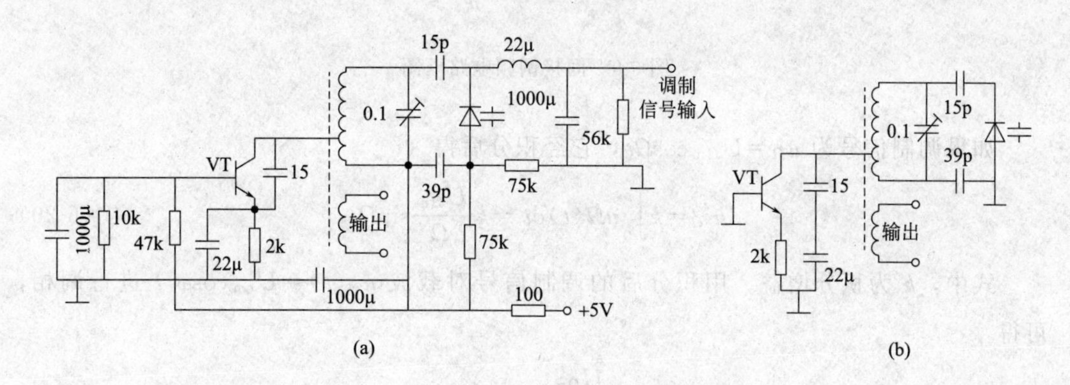

图 6-7　90MHz 直接调频电路及其高频通路

图 6-8 所示的是 100MHz 晶体振荡器的变容管直接调频电路，用于组成无线话筒中的发射机。图中 VT_1 管的作用对话筒提供的声音信号进行放大，放大后的声音信号经 2.2μH 高频扼流圈加到变容管上。变容管上的偏置电压也是经过 2.2μH 高频扼流圈加到变容管上，VT_2 石英晶体和变容管为主一起组成晶体振荡电路，并由变容管实现直接调频，同时 VT_2 又起高频功率放大输出的作用，LC 谐振回路谐振在晶体振荡频率的三次谐波上，完成三倍频功能。该电路可获得较高的中心频率稳定度，但相对频偏很小（10^{-4} 数量级）。

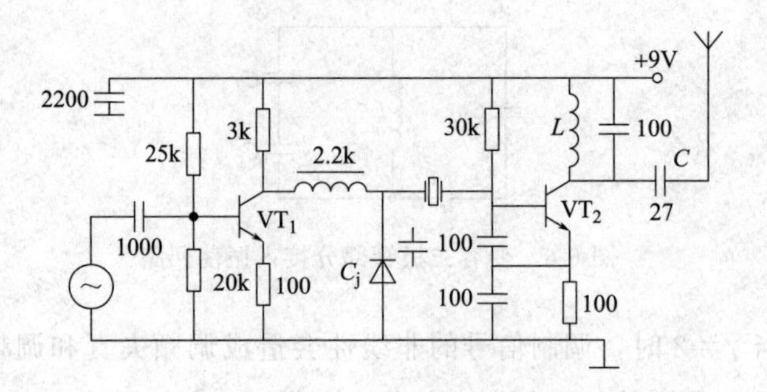

图 6-8 100MHz 晶体振荡器的变容管直接调频电路

6.2.3 间接调频电路

6.2.3.1 间接调频基本原理

间接调频是利用调相间接实现调频，即先将调制信号 u_Ω 积分，然后对载波信号进行调相，从而实现调频。间接调频电路方框图如图 6-9 所示。

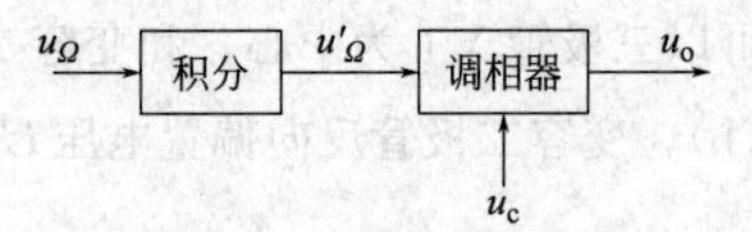

图 6-9 间接调频电路框图

如果调制信号为 $u_\Omega = U_{\Omega m}\cos\Omega t$，它经积分后得

$$u'_\Omega = k\int_0^t u\Omega(t)\mathrm{d}t = k\frac{U_{\Omega m}}{\Omega}\sin\Omega t \tag{6-20}$$

式中，k 为积分增益。用积分后的调制信号对载波 $u_c(t) = U_{cm}\cos\omega_c t$ 进行调相，可得

$$u(t) = U_{cm}\cos\left(\omega_c t + k_p k\frac{U_{\Omega m}}{\Omega}\sin\Omega t\right) = U_{cm}\cos(\omega_c t + m_f\sin\Omega t) \tag{6-21}$$

式中，$m_f = \frac{k_f U_{\Omega m}}{\Omega}$，$k_f = k_p k$。

上式与调频波表示式完全相同。由此可见实现间接调频的关键电路是调相。

6.2.3.2 间接调频实际电路

调相器种类很多，常用的有可控移相法调相电路（变容二极管调相电路），可控延时法调相电路（脉冲调相电路）和矢量合成法调相电路等。下面主要分析变容二极管调相电路，如图 6-10 所示。

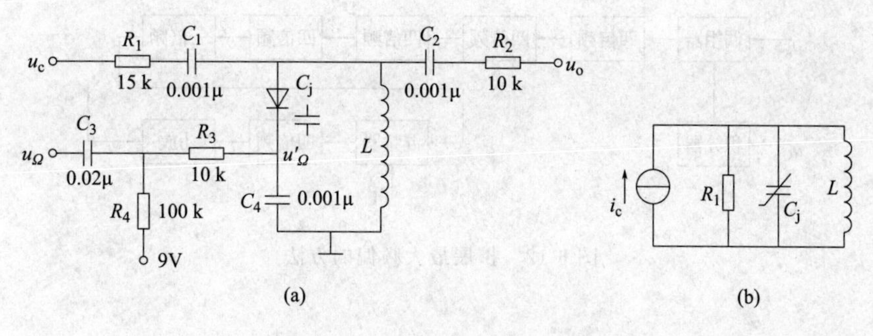

图 6-10 变容二极管调相电路

变容二极管调相电路如图 6-10 所示。图中，变容二极管的电容 C_j 和电感 L 构成并联谐振回路，调制信号 $u_\Omega(t)$ 控制变容二极管的电容 C_j 的变化。当 $u_\Omega(t)=0$ 时，回路谐振于载频 f_c，呈纯阻性，回路相移 $\Delta\varphi(t)=0$；当 $u_\Omega(t)\neq 0$ 时，回路失谐，$\Delta\varphi(t)\neq 0$，呈电感性或电容性。设调制电压为 $u_\Omega=U_{\Omega m}\cos\Omega t$，当回路失谐较小时，即 $|\Delta\varphi(t)|\leqslant \pi/6$，可以证明

$$\Delta\varphi(t)\approx\gamma Q_e m_c\cos\Omega t=m_p\cos\Omega t \tag{6-22}$$

式中，调相指数 $m_p=\gamma Q_e m_c$，Q_e 为并联回路的有载品质因数，m_c 为变容二极管的电容调制度，γ 为变容二极管的变容变化指数。由式可见，电路可以实现相移与调制信号成正比的调相要求。

为了增大频偏，可采用多级单回路构成的变容二极管调相电路，如图 6-11 所示。

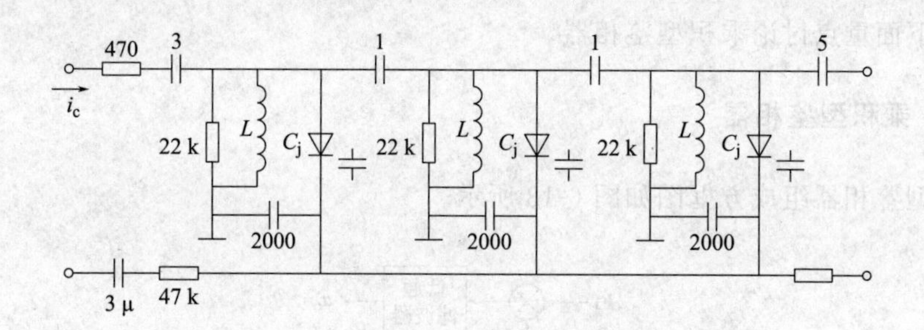

图 6-11 二级单回路变容管调相电路

6.2.4 扩大频偏的方法

在调频设备中，如果最大频偏不能通过调频电路特别是间接调频电路来达到，则可设计扩展最大频偏电路。扩展最大频偏方法很多，下面举例说明扩展最大频偏的方法。

【例 6-2】 一调频设备，受用间接调频电路。已知调频电路输出载波频率 100Hz，最大频偏为 24.41Hz。要求产生载波频率为 100MHz，最大频偏为 75kHz。扩展最大频偏的方法见图 6-12。

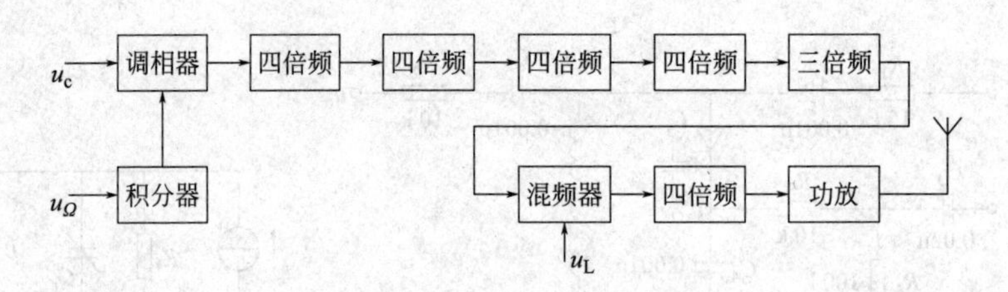

图 6-12　扩展最大频偏的方法

6.3　调角波的解调

调角波的解调电路的作用是从调频波和调相波中检出调制信号。调相信号的解调电路称为相位检波器，简称鉴相器，也称鉴相；调频波的解调电路称为频率检波器，简称鉴频器．也称鉴频。

6.3.1　相位检波电路

鉴相电路的功能是从输入调相波中检出反映在相位变化上的调制信号，即完成相位-电压的变换作用。

鉴相器有多种电路，一般可分为双平衡鉴相器，模拟乘积型鉴相器和数字逻辑电路鉴相器。下面重点讨论乘积型鉴相器。

6.3.1.1　乘积型鉴相器

乘积型鉴相器组成方框图如图 6-13 所示。

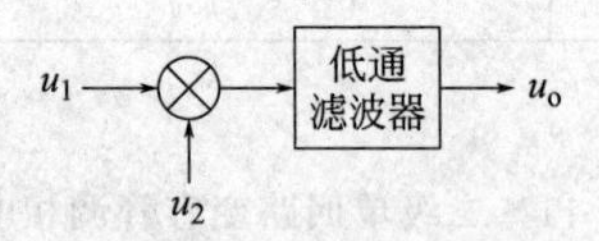

图 6-13　乘积型鉴相器组成方框图

图中，一个输入信号为调相波 $u_1=U_{1m}\sin(\omega_c t+\Delta\varphi)$，另一个输入信号为参考信号

$u_2=U_{2m}\cos\omega_c t$。

在两式中有 90°固定相移，它们之间的相位差为 $\Delta\varphi$，对于双差分对管，输出差值电流为

$$i=I_o th\left(\frac{u_1}{2U_T}\right)\text{th}\left(\frac{u_2}{2U_T}\right) \tag{6-23}$$

下面根据 U_{1m}、U_{2m} 大小不同，分三种情况进行讨论。

(1) u_1 为小信号，u_2 为大信号

当 $|U_{1m}|\leqslant 26$mV，$|U_{2m}|\geqslant 100$mV 时，由式 (6-27) 可得输出电流为

$$\begin{aligned} i &= I_o K_2(\omega t)\frac{u_1}{2U_T} \\ &= \frac{I_o}{2U_T}\left(\frac{4}{\pi}\cos\omega_c t-\frac{4}{3\pi}\cos 3\omega_c t+\cdots\right)U_{1m}\sin(\omega_c t+\Delta\varphi) \\ &= \frac{I_o}{\pi U_T}U_{1m}[\sin\Delta\varphi+\sin(2\omega_c t+\Delta\varphi)+\cdots] \end{aligned}$$

通过低通滤波器后，上式中 $2\omega_c$ 及其以上各次谐波项被滤除，于是可得有用的平均分量输出电压

$$u_o=\frac{I_o R_L}{\pi U_T}U_{1m}\sin\Delta\varphi \tag{6-24}$$

由此可得乘积型鉴相器的鉴相特性仍为正弦函数，鉴相器灵敏度为

$$s=\frac{I_o R_L}{\pi U_T}U_{1m} \tag{6-25}$$

(2) u_1 和 u_2 均为小信号

当 $|U_{1m}|\leqslant 26$mV，$|U_{2m}|\leqslant 26$mV 时，由式 (6-27) 可得输出电流为

$$\begin{aligned} i &= I_o\frac{u_1 u_2}{4U_T^2}=\frac{I_0}{4U_T^2}U_{1m}U_{2m}\sin(\omega_c t+\Delta\varphi)\cos\omega_c t \\ &= \frac{1}{2}kU_{1m}U_{2m}\sin\Delta\varphi+\frac{1}{2}kU_{1m}U_{2m}\sin(2\omega_c t+\Delta\varphi) \end{aligned}$$

通过低通滤波器后，上式中第二项被滤除，于是可得输出电压为

$$u_o=\frac{1}{2}kU_{1m}U_{2m}R_L\sin\Delta\varphi \tag{6-26}$$

式中，R_L 为低通滤波器通带内的负载电阻。由上式可得乘积型鉴相器的鉴相特性曲线为正弦函数曲线，见图 6-14。

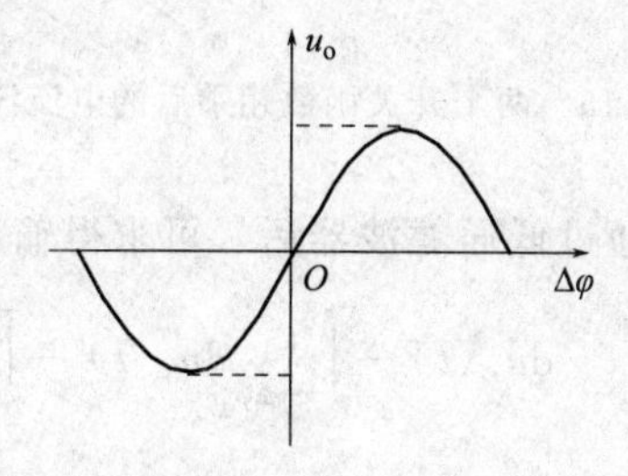

图 6-14　乘积型鉴相器的鉴相特性曲线

鉴相器灵敏度为

$$S=\frac{1}{2}kU_{1m}U_{2m}R_L \tag{6-27}$$

(3) u_1 和 u_2 均为大信号

当 $|U_{1m}|\geqslant 100\text{mV}$，$|U_{2m}|\geqslant 100\text{mV}$ 时，由式（6-27）可得输出电流为

$$i=I_\text{o}k_2(\omega_\text{c}t)k_2\left(\omega_\text{c}t-\frac{\pi}{2}+\Delta\varphi\right)$$

由于 u_1 和 u_2 均为大信号，所以式（6-27）可用两个开关函数相乘表示。两个开关函数相乘后的电流波形见图 6-15。由图 6-15（a）可见，当 $\Delta\varphi=0$ 时，相乘后的波形为上、下等宽的双向脉冲，其频率加倍，相应的平均分量为零。由图 6-15（b）可见，当 $\Delta\varphi\neq 0$ 时，相乘后的波形为上、下不等宽的双向脉冲。在 $|\Delta\varphi|<\dfrac{\pi}{2}$ 内，通过低通滤波器后，可得有用的平均分量输出电压为

$$\begin{aligned}u_\text{o}&=\frac{I_\text{o}}{\pi}R_\text{L}\int_0^{\pi}\text{d}u_\text{c}(t)=\frac{I_\text{o}}{\pi}R_\text{L}\left[\int_0^{\frac{\pi}{2}}\text{d}u_\text{c}(t)-\int_{\frac{\pi}{2}}^{\pi-\Delta\varphi}\text{d}u_\text{c}(t)+\int_{\pi-\Delta\varphi}^{\pi}\text{d}u_\text{c}(t)\right]\\&=\frac{2I_\text{o}}{\pi}R_\text{L}\Delta\varphi\end{aligned}\tag{6-28}$$

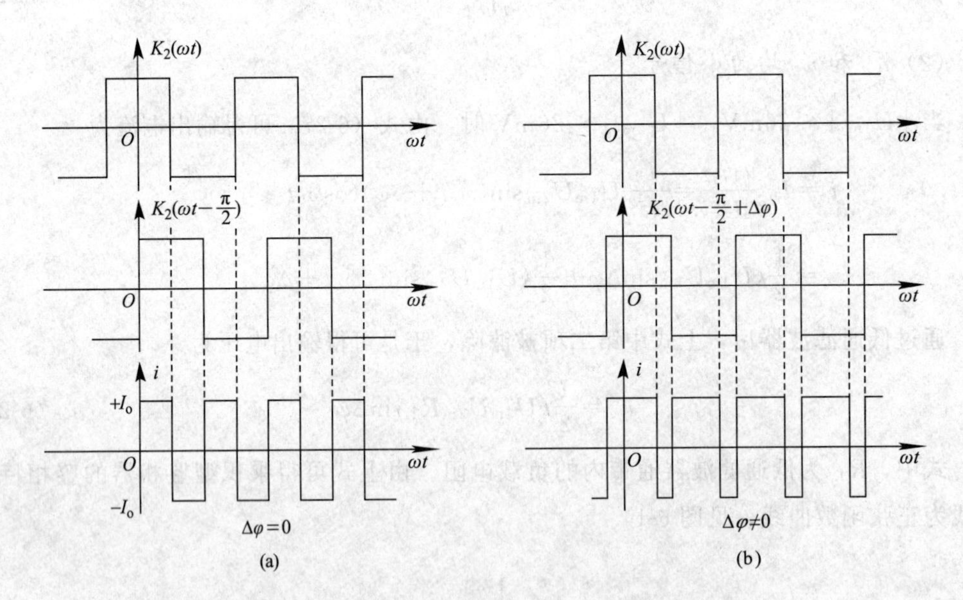

图 6-15　两个开关函数相乘后的电流波形

在 $\pi/2<\Delta\varphi<3\pi/2$ 内，通过低通滤波器后，可求得输出电压为

$$\begin{aligned}u_\text{o}&=\frac{I_\text{o}}{\pi}R_\text{L}\left[\int_0^{\pi-\Delta\varphi}\text{d}u_\text{c}(t)-\int_{\pi-\Delta\varphi}^{\frac{\pi}{2}}\text{d}u_\text{c}(t)+\int_{\pi-\Delta\varphi}^{\pi}\text{d}u_\text{c}(t)\right]\\&=\frac{2I_\text{o}}{\pi}R_\text{L}\ (\pi-\Delta\varphi)\end{aligned}\tag{6-29}$$

鉴相器灵敏度为

$$S_\text{d}=\frac{2}{\pi}I_\text{o}R_\text{L}\tag{6-30}$$

以上分析表明，对乘积型鉴相器应尽量采用大信号工作状态或将正弦信号先限幅放大，变换成方波电压后再加入鉴相器，这样可获得较宽的线性鉴相范围。

6.3.1.2 实际电路应用

图 6-16（a）所示为用 MC1596 组成的相位检波器，图（b）所示为大信号输入（$U_{1m} \gg 2U_T$，$U_{2m} \gg 2U_T$）时的波形。在 $R_1=0$ 条件下，MC1596 工作在非饱和开关状态，因双曲正切函数均为开关函数，故差模输出电流为开关函数。u_1 和 u_2 为同频率，当相位差在 $0<\Delta\varphi<\pi$ 时，$\text{th}\dfrac{u_1}{2U_T}$、$\text{th}\dfrac{u_2}{2U_T}$ 及 u_{om} 波形如图 6-16（b）所示。在 $\Delta\varphi \neq \dfrac{\pi}{2}$ 时，方波 u_{om} 的阴影面积 $A_1 \neq A_2$，经低通滤波器输出直流电压 $u_o(t)$ 正比于乘法器输出电压的平均值，

$$u_o(t)=\frac{U'_{om}}{2\pi}\left[2\left(\frac{\pi}{2}+\Delta\varphi\right)-2\left(\frac{\pi}{2}-\Delta\varphi\right)\right]=\frac{2U'_{om}}{\pi}\Delta\varphi \tag{6-31}$$

线性鉴相特性如图 6-16（c）所示，这是一条三角形鉴相特性曲线。

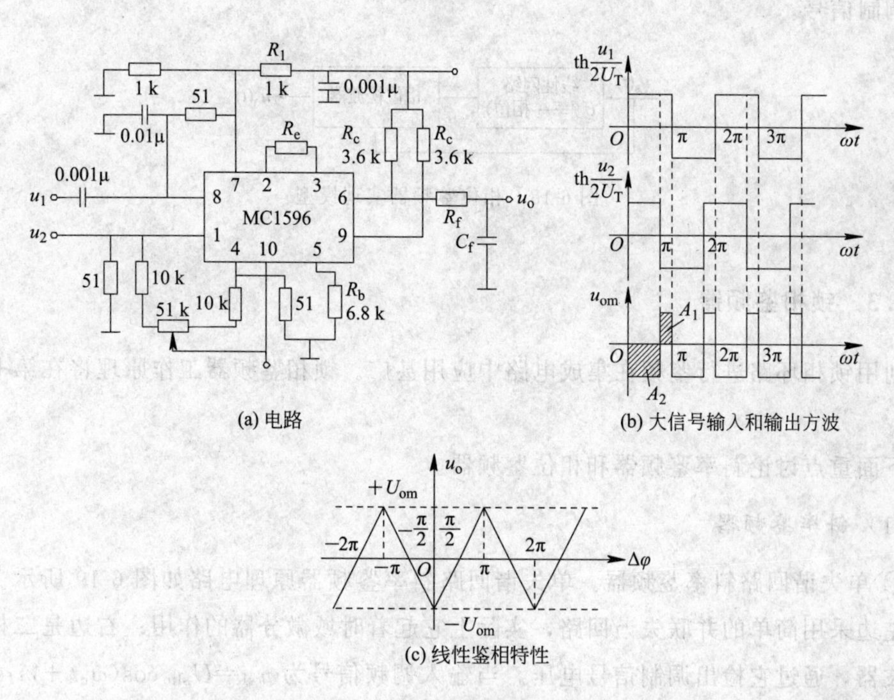

图 6-16 MC1596 组成的鉴相电路

6.3.2 频率检波电路

鉴频电路的功能是从输入调频波中检出反映在频率变化上的调制信号，即实现频率一电压的变换作用。鉴频根据波形的不同特点可以分为以下三种。

6.3.2.1 斜率鉴频器

斜率鉴频器实现模型见图 6-17，它将输入等幅调频波通过频率—振幅线性变换网络，变换成幅度与频率成正比变化的调幅—调频信号，然后用包络检波器检出所需要的原调制信号。

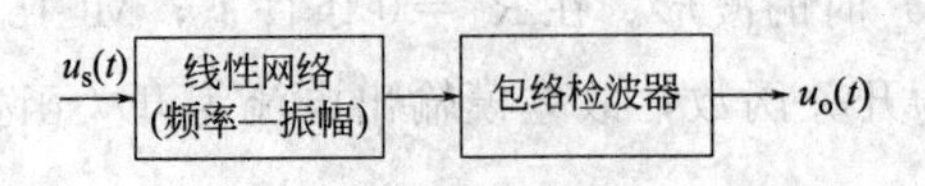

图 6-17 斜率鉴频器实现模型

6.3.2.2 相位鉴频器

相位鉴频器实现模型见图 6-18，先将等幅的调频信号 $u_s(t)$ 送入频率—相位线性变换网络，变换成相位与频率成正比变化的调相—调频信号，然后通过相位检波器还原出原调制信号。

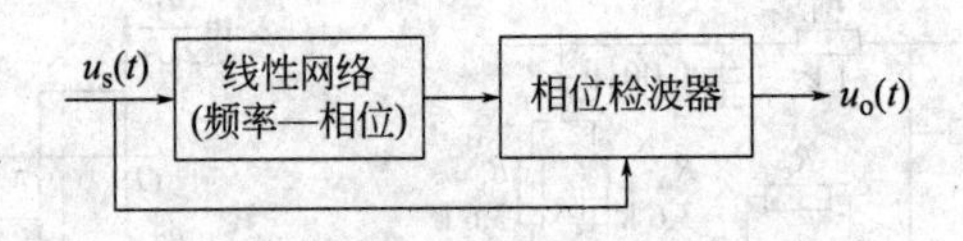

图 6-18 相位鉴频器实现模型

6.3.2.3 锁相鉴频器

利用锁相环路进行鉴频在集成电路中应用甚广。锁相鉴频器工作原理将在第七章中介绍。

下面重点讨论斜率鉴频器和相位鉴频器。

(1) 斜率鉴频器

① 单失谐回路斜率鉴频器。单失谐回路斜率鉴频器原理电路如图 6-19 所示。图中虚线左边采用简单的并联失谐回路，实际上它起着时域微分器的作用；右边是二极管包络检波器，通过它检出调制信号电压。当输入调频信号为 $u_{sI}=U_{sIm}\cos(\omega_c t+m_f\sin\Omega t)$ 时，通过起着幅频变换作用的时域微分器（并联失谐回路）后，其输出为

$$\begin{aligned}u_{s2}&=A_0U_{sIm}\frac{\mathrm{d}}{\mathrm{d}t}\cos(\omega_c t+m_f\sin\Omega t)\\&=-A_0U_{sIm}(\omega_c+\Delta\omega_m\cos\Omega t)\sin(\omega_c t+m_f\sin\Omega t)\end{aligned}$$

式中，微分器频率特性 $A(\mathrm{j}\omega)=\mathrm{j}A_0\omega_0$，$A_0$ 为电路增益。然后通过二极管包络检波器，得到需要的调制信号 u_o。

② 双失谐回路斜率鉴频器。实际上较少采用单失谐回路斜率鉴频器，因为单失谐

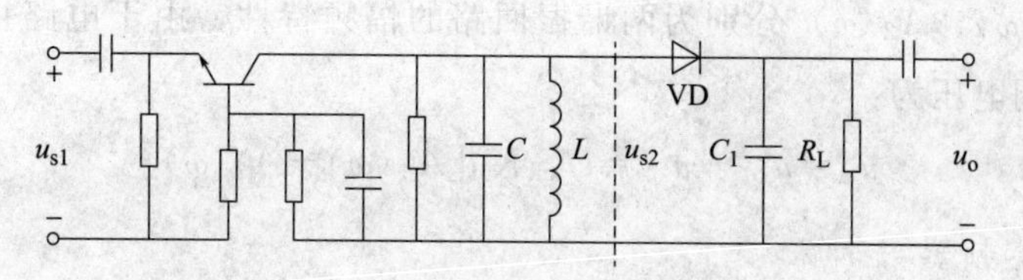

图 6-19　单失谐回路鉴频原理电路

回路线性范围很小。为了扩大线性鉴频范围，可采用平衡双失谐回路斜率鉴频器，如图 6-20 所示。图中，上面的谐振回路谐振在 f_{01} 上，下面的谐振在 f_{02} 上。回路对调频波中心频率 f_c 的失谐量为 Δf，并且有 $\Delta f = f_{01} - f_c = f_c - f_{02}$，如图 6-21 所示。有

$$u'_{s1} = A_1(\omega)U_{sm}$$

$$u'_{s2} = A_2(\omega)U_{sm}$$

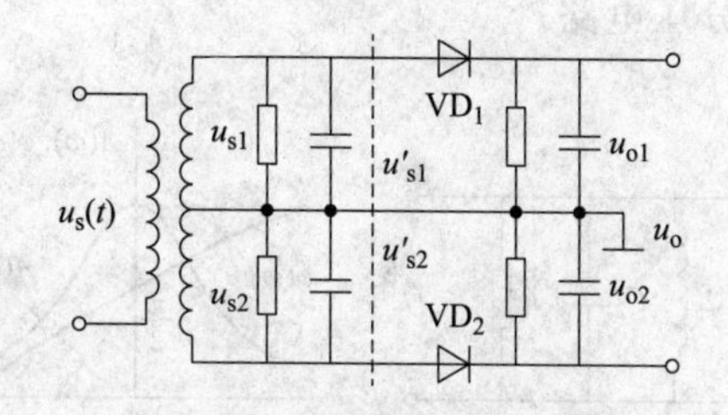

图 6-20　双失谐回路斜率鉴频器

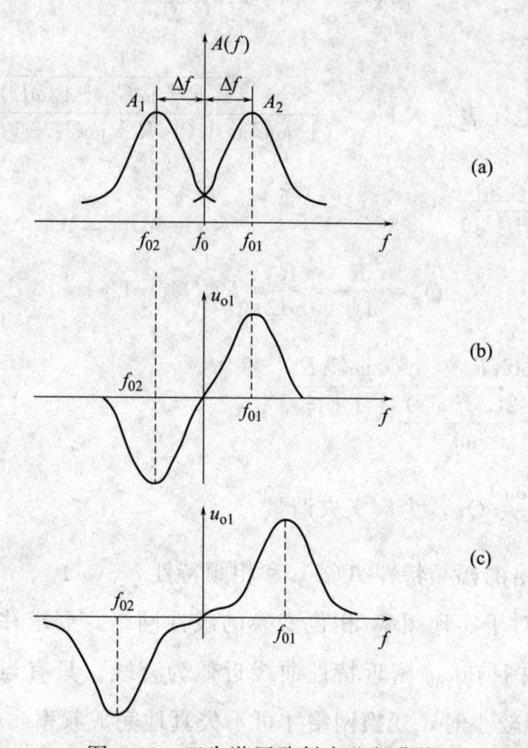

图 6-21　双失谐回路斜率鉴频曲线

式中，$A_1(\omega)$、$A_2(\omega)$ 分别为两谐振回路的幅频特性，由于电路接成差动方式输出，则输出解调电压为：

$$u_o = u_{o1} - u_{o2} = U_{sm}K_d[A_1(\omega) - A_2(\omega)] \tag{6-32}$$

（2）相位鉴频器

相位鉴频器由两部分组成。第一部分先进行线性网络（频率－相位）变换，使调频波的瞬时频率的变化转换为附加相移的变化，即进行 FM-PM 波变换；第二部分利用相位检波器检出所需要的调制信号。相位鉴频器的关键是找到一个线性的频率－相位变换网络。下面将从这方面讨论，然后讨论乘积型相位鉴频器。

① 频率/相位变换网络。频率/相位变换网络有单谐振回路、耦合回路或其他 RLC 电路等。图 6-22 所示为电路中常用的频率/相位变换网络。这个电路是由一个电容 C_1 和谐振回路 LC_2R 组成的分压电路。

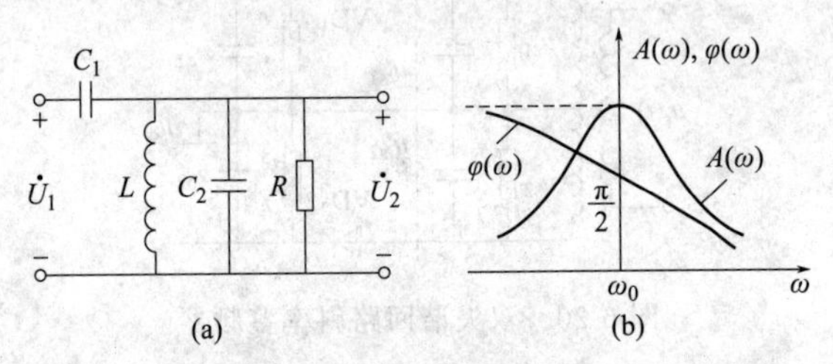

图 6-22　频率/相位变换网络

由图可写出输出电压表达式 $\dot{U}_2 = \dfrac{\dfrac{1}{(1/R + j\omega C_2 + 1/\omega L)}}{(1/j\omega C_1) + (1/R + j\omega C_2 + 1/j\omega L)^{-1}}\dot{U}_1$

令　$\omega_0 = \dfrac{1}{\sqrt{L(C_1 + C_2)}}$

$$Q_p = \frac{R}{\omega_0 L} = \frac{R}{\omega L} = R\omega(C_1 + C_2)$$

得　$\dfrac{\dot{U}_2}{\dot{U}_1} \approx \dfrac{j\omega C_1 R}{1 + jQ_p\dfrac{2(\omega - \omega_0)}{\omega_0}} = \dfrac{j\omega C_1 R}{1 + j\xi}$

式中，$\xi = \dfrac{2(\omega - \omega_0)}{\omega_0}Q_p$，为广义失谐量

由上式可求得网络的幅频特性 $A(\omega)$ 和相频特性 $\varphi_A(\omega)$。

以上分析说明，对于实现频率/相位变换的线性网络，要求移相特性曲线在 $\omega = \omega_0$ 时的相移量为 $\pi/2$，并且在 ω_0 附近特性曲线近似为直线。只有当输入调频波的瞬时频率偏移最大值 $\Delta\omega_m$ 比较小时，变换网络才可不失真地完成频率－相位变换。

$$\Delta\varphi_A(\omega) \approx \frac{2Q}{\omega_0}\Delta\omega \tag{6-33}$$

② 乘积型相位鉴频器。乘积型相位鉴频器实现模型如图 6-23 所示。不难看出，在频率/相位变换网络的后面增加乘积型相位检波电路，便可构成乘积型相位鉴频器。

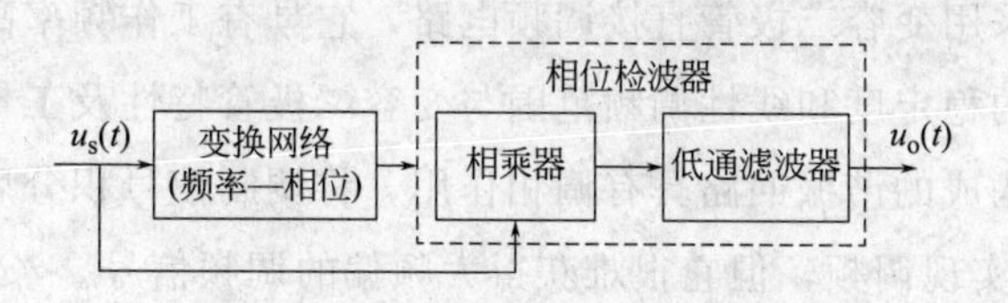

图 6-23　乘积型相位鉴频器实现模型

③ 实际应用电路。图 6-24 所示是利用 MC1596 集成模拟乘法器构成的乘积型相位鉴频器电路。图中 VT 为射极输出器，L、R、C_1、C_2 组成频率－相位变换网络，该网络用于中心频率为 7～9MHz、最大频偏 250kHz 的调频波解调。在乘法器输出端，用运算放大器构成平衡输入低频放大器，运算放大器输出端接有低通滤波器。

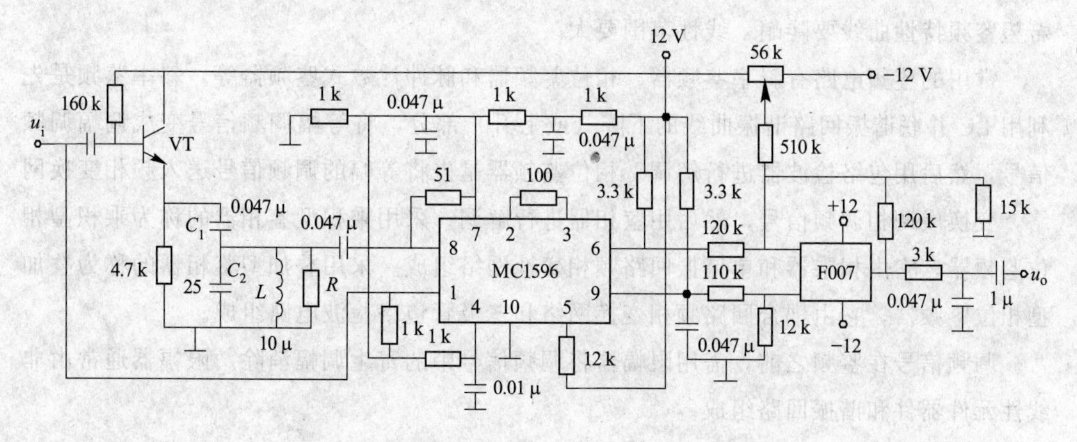

图 6-24　用 MC1596 集成模拟乘法器构成的乘积型相位鉴频电路

本章小结

调频与调相都表示为载波信号的瞬时相位受到调变，故统称为角度调制，调频信号与调相信号有类似的表达式和基本特性。不过调频是由调制信号去改变载波信号的频率，使其瞬时角频率 $\omega(t)$ 在载波角频率 ω_c 上下按调制信号的规律而变化，即 $\omega(t)=\omega_c+k_f u_\Omega(t)$，而调相是用调制信号去改变载波信号的相位，使其瞬时相位 $\varphi(t)$ 在 $\omega_c(t)$ 上叠加按调制信号规律变化的附加相移，即 $\varphi(t)=\omega_c(t)+k_p u_\Omega(t)$。

角度调制具有抗干扰能力强和设备利用率高等优点，但调角信号的有效频谱带宽比调幅信号大得多，而且带宽与调制指数大小有关。

产生调频信号的方法很多，通常可分为直接调频和间接调频两类。直接调频是用调制信号直接控制振荡器振荡回路元件的参量而获得调频信号，其优点是可以获得大的频偏，缺点是中心频率的稳定度低；间接调频是先将调制信号积分，然后对载波信号进行调相而获得调频信号，其优点是中心频率稳定度高，缺点是难以获得大的频偏。

直接调频广泛采用变容二极管直接调频电路，它具有工作频率高、固有损耗小等优点，但其中心频率的稳定度和线性调频范围与变容二极管特性及工作状态有关。

由变容二极管构成的谐振回路具有调相作用，将调制信号积分后去控制变容二极管的结电容 C_J，即可实现调频，但它很难获得大频偏的调频信号。

在实际调频设备中，常采用倍频器和混频器来获得所需的载波频率和最大线性频偏，用倍器同时扩大中心频率和频偏，用混频器改变载波频率的大小，使之达到所需值。

调频信号的解调电路称为鉴频电路。能够检出两输入信号之间相位差的电路称为鉴相电路。

鉴相电路的输出电压与输入调频信号频率之间的关系曲线称为鉴频特性曲线，通常希望鉴频特性曲线要陡峭，线性范围要大。

常用的鉴频电路有斜率鉴频器、相位鉴频器和脉冲计数式鉴频器等。斜率鉴频是先利用 LC 并联谐振回路谐振曲线的下降（或上升）部分，将等幅调频信号变成调幅调频信号，然后用包络检波器进行解调。相位鉴频器是先将等幅的调频信号送入频相变换网络，变换成调相调频信号，然后用鉴相器进行解调。采用乘积型鉴相器的称为乘积型相位鉴频器，它由相乘器和单谐振回路频相变换网络组成。采用叠加型鉴相器的称为叠加型相位鉴频器，它由耦合回路频相变换网络和二极管包络检波电路组成。

调频信号在鉴频之前，需用限幅器将调频信号中的寄生调幅消除。限幅器通常由非线性元件器件和谐振回路组成。

思考与练习

1. 已知调制信号 $u_\Omega(t)=2\cos2\pi\times10^3t+3\cos3\pi\times10^3t$，载波信号 $u_c(t)=10\cos2\pi\times10^6t$，调频比例常数 $k_f=3\text{kHz/V}$。试写出调频波表达式。

2. 已知调制信号 $U_\Omega(t)=0.1\sin(2\pi\times10^3t)$，载波中心频率为 1MHz。把它分别送到 AM 调幅电路和调频电路中，分别形成调幅波 u_{AM} 和调频波 u_{FM}。调幅电路的调幅比例常数 $k=0.05$，调频电路的调频比例常数 $k_f=1\text{kHz/V}$。请分别写出 u_{AM} 和 u_{FM} 的表示式，求各信号的带宽。

3. 有一彩色电视伴音采用频率调制，4 频道的伴音载波中心频率 $f_c=83.75\text{MHz}$，最大频偏 $\Delta f_m=50\text{kHz}$，最高调制频率 $F_{max}=15\text{kHz}$。问该调频信号瞬时频率的变化范围是多少？卡森带宽 B_{cr} 等于多少？

4. 已知调制信号 $u_\Omega(t)=u_{\Omega m}\cos2\pi Ft$。试求在下列四种情况下，两种角度调制信号的最大频偏 Δf_m 和卡森带宽 B_{cr}。

(1) $F=1\text{kHz}$，$m_{\text{f}}=12\text{rad}$，$m_{\text{p}}=12\text{rad}$；

(2) $u_{\Omega\text{m}}$不变，$F=2\text{kHz}$；

(3) $F=1\text{kHz}$，$u_{\Omega\text{m}}$增加一倍；

(4) $F=2\text{kHz}$，$u_{\Omega\text{m}}$增加一倍。

5. 已知鉴频器的输入信号 $u_{\text{FM}}=3\sin\left[\omega_{\text{c}}t+10\sin 2\pi\times10^{3}t\right]$。鉴频灵敏度 $S_{\text{f}}=-5\text{mV/kHz}$。线性鉴频范围大于 $2\Delta f_{\text{m}}$。求鉴频器的输出电压 $u_{\text{o}}(t)$。

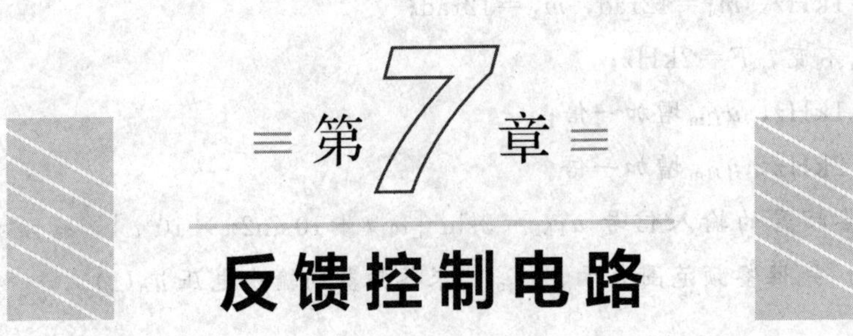

第7章 反馈控制电路

反馈控制电路是自动控制系统的组成部分，在系统受到扰动的情况下，通过反馈控制作用，可使系统的某个参数达到所需精度，或按照一定的规律变化。

反馈控制电路之所以能够控制参量，并使之稳定，主要原因在于它能够利用已经存在的误差来减小误差。因此当有扰动引起误差时，反馈控制电路能把误差减小或者说减到很小，但不能完全消除该项误差。

对通信系统来说，载波信号通常采用高频振荡信号，而一个高频振荡信号含有三个基本参数，即振幅、频率和相位。在传送信息进行调制时，发射信号可以用调幅波、调频波和调相波。对于反馈控制电路来说，也是对信号的这三个参数分别控制，形成三种自动控制电路，即自动增益控制电路（系统中需要比较的参量为电压或电流）、自动频率控制电路（系统中需要比较的参量为频率）和自动相位控制电路（又称锁相环路，系统中需要比较的参量为相位）。

自动增益控制电路主要用于接收机中，以维持整机输出稳定，使输出信号不随外来信号的强弱而变化。

自动频率控制电路主要用于稳定振荡器的振荡频率，使振荡器稳定在某一预期的标准频率附近。

自动相位控制电路又称锁相环电路，简称锁相环，是目前在滤波、频率合成、调制与解调、信号检测等许多技术领域应用最为广泛的一种反馈控制电路，在模拟与数字通信系统中已成为不可缺少的基本部件。

7.1 自动增益控制（AGC）电路

自动增益控电路又称 AGC 电路，是接收机的重要辅助电路之一。其主要功能是根据输入信号电平的大小，调整接收机的增益，从而使输出信号的电平保持稳定。

AGC 电路的使用具有重要实际意义。因为在通信系统中，由于受发射功率大小、收发距离远近、电波传播衰减等各种因素的影响，所接收到的信号强弱变化范围很大，弱的可能是几微伏，强的则可达几百毫伏。若接收机的增益恒定不变，则信号太强时会

造成接收机中的晶体管和终端器件（如扬声器）阻塞、过载甚至损坏；而信号太弱时又可能被丢失。因此，对于强弱经常变化的信号采用自动增益控制，是一种很好的选择。

7.1.1　AGC电路的工作原理

图7-1为具有AGC电路的接收机框图。图7-1（a）所示是超外差式收音机的框图，它具有简单的AGC电路。天线收到的输入信号经放大、变频、再放大后，进行检波，检波输出中包含直流分量以及低频分量，其中直流电平的高低直接反映出所接收的输入信号的强弱，而低频电压则反映出输入调幅波的包络。检波输出信号一路经隔直电容取出低频信号，经低频放大器放大后，推动扬声器发声。而检波器另一路输出信号，经低通滤波器滤波后将得到反映输入信号大小的直流分量，即AGC电压，AGC电压可正可负，分别用$+U_{AGC}$和$-U_{AGC}$表示。显然，输入信号强，$|\pm U_{AGC}|$大；反之，$|\pm U_{AGC}|$小。利用AGC电压去控制高放或中放的增益，使$|\pm U_{AGC}|$大时增益低，$|\pm U_{AGC}|$小时增益高，即达到了自动增益控制的目的。

图7-1（b）是电视接收机中公共通道的组成框图，它具有较复杂的AGC电路。电视天线接收到的输入信号经过高频放大、变频和中放后，进行检波，取出视频信号。预视放对视频信号处理后，一路经视频放大器放大，去控制显像管显示图像；另一路去除干扰后，送到AGC电路。经AGC检波后，得到一个与输入的视频信号幅度成正比的直流电压，然后将这个电压放大作为AGC电压，去控制中放级和高放级的增益，使增益随输入信号的增大而减小。控制的顺序是：先控制中放增益，如果信号还很强，再控制高放级。控制高放级的AGC电路称为延迟式AGC。如果先控制高放级，则整机第一级的信号被衰减过多，就会降低整个通道的信噪比，使画面出现雪花点。

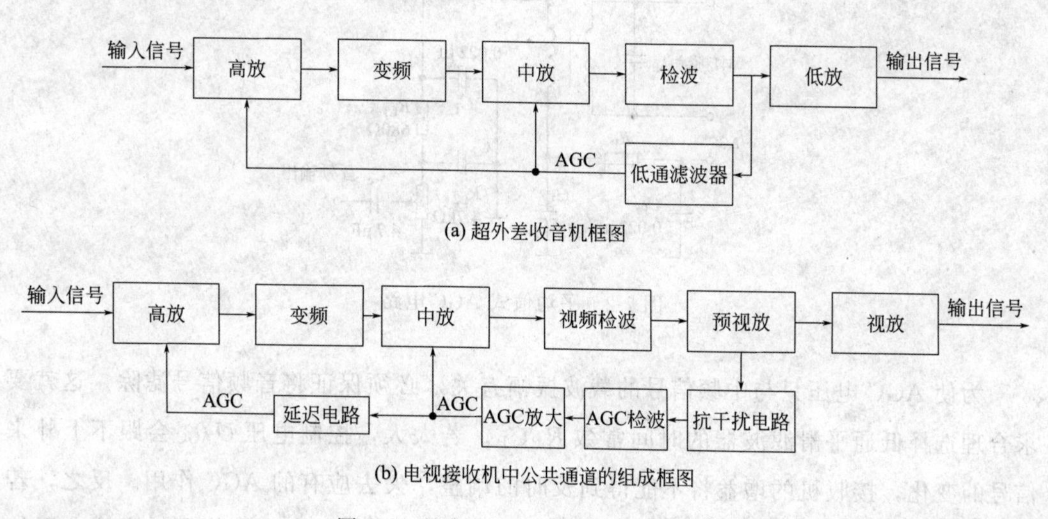

图7-1　具有AGC电路的接收机框图

综上所述，为了实现自动增益控制，必须有一个随输入信号改变的电压，称为AGC电压。用这个电压去控制接收机的某些级增益，达到自动增益控制的目的。因此，AGC电路应包括：①产生一个随输入信号大小而变化的控制电压，即AGC电压$\pm U_{AGC}$；②利用AGC电压去控制某些级的增益，实现AGC。

7.1.2 AGC电路分类

接收机中的AGC电压大都是利用中频输出信号经检波后产生的。按照U_{AGC}产生的方式不同而有各种电路形式，基本电路形式有平均值式AGC电路和延迟式AGC电路。

7.1.2.1 平均值式AGC电路

平均值式AGC电路是利用检波器输出电压中的平均直流分量作为AGC电压的，其电路如图7-2所示。图中，二极管VD、电阻R_{L1}、R_{L2}以及电容C_1、C_2、C_3构成检波器，R_P和C_P构成低通平滑滤波器。中频信号电压u_I经检波后，除得到所需的低频调制信号（音频信号）之外，还可得到一个平均值流分量的信号。其中音频信号由R_{L2}两端取出，经隔直电容C_C输出到下一级的低频放大器进行放大。而对于平均直流分量来说，由于它与输入中频信号的载波振幅成正比，而与调幅度无关，因此，可以将它从C_3两端取出，低通平滑滤波器把音频信号滤除后，作为AGC电压，加到中放管上去控制中放的增益。根据二极管的极性，不难判断该AGC电压为负，即$-U_{AGC}$。如果平均直流分量从R_{L2}两端取出，则AGC电压将为正，即为$+U_{AGC}$。

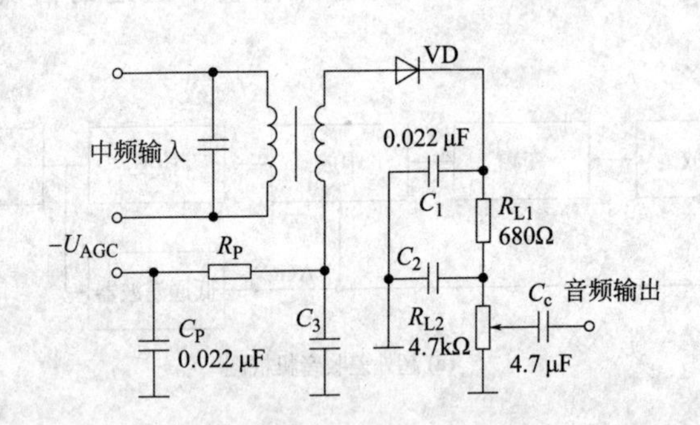

图7-2 平均值式AGC电路

为使AGC电压只与中频信号的载波振幅有关，必须保证将音频信号滤除。这就要求合理选择低通平滑滤波器的时间常数R_PC_P。若太大，控制电压U_{AGC}会跟不上外来信号的变化，接收机的增益将不能得到及时的调整，失去应有的AGC作用。反之，若值太小，将无法完全滤除音频信号，AGC电压中将会含有残余音频信号，当该电压加到中放去控制中放增益时，将会使调幅波受到反调制，抑制输入调幅波的包络变化，使

调制度减小，从而降低检波器输出的音频信号电压的振幅。时间常数 R_PC_P 越小，调制信号频率越低（调幅波包络变化越缓慢），反调制作用就越厉害，结果将使检波器输出音频信号的低频成分减弱，即产生频率失真。显然，应根据最低调制频率来选择 R_PC_P。

7.1.2.2 延迟式 AGC 电路

平均值式 AGC 电路的主要缺点是：一有外来信号，AGC 电路立刻起作用，接收机的增益就因受控而减小。这对提高接收机的灵敏度是不利的，对微弱信号的接收尤其不利。为了克服这个缺点，可采用延迟式 AGC 电路。

图 7-3 为 L1590 作中频放大时的延迟式 AGC 电路。图中，AGC 检波器由 VD_1、R_7 和 C_4 组成，R_7C_4 应足够大。运放 A 为直流放大器，电位器 R_{P2} 的动臂从 $+U_{CC}$ 分取基准电压 U_{REF}，即延迟电平，通过 R_6 加到运放的同相输入端。当输入信号较小时，C_4 两端的平均直流分量低于 U_{REF}，二极管 VD_2 截止，AGC 不起作用，L1590 的增益较高。当输入信号较大时，C_4 两端的平均直流分量大于 U_{REF}，VD_2 导通，运放 A 输出的电压即为 U_{AGC}，它通过 R_1 加至 L1590 的第 2 脚，使其增益下降，实现自动增益控制。可见，该 AGC 电路具有延迟功能。

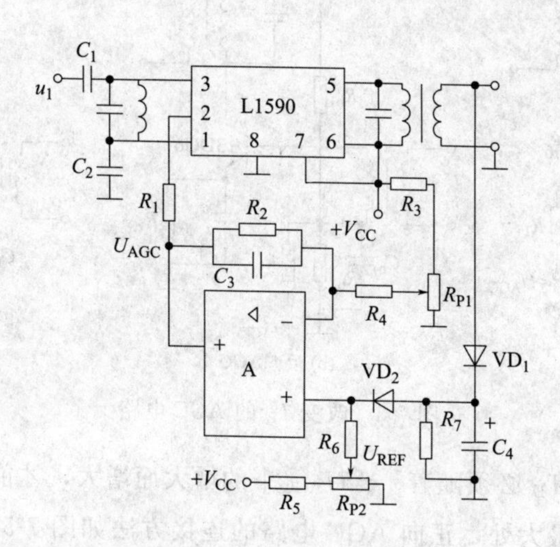

图 7-3 延迟式 AGC 电路

7.1.3 实现 AGC 的方法

7.1.3.1 改变发射极电流 I_E（分立电路）

图 7-4 为典型的中放管 $\beta \sim I_E$ 曲线。由图可以看出，当 I_E 较小时，β 随 I_E 的增大而增大，当 I_E 增大到某一数值时，β 达到最大值，然后 I_E 随着的增大，曲线缓慢

下降。若将静态工作点选在 I_{EQ} 点，当 $I_E < I_{EQ}$ 时，随减小而下降，称为反向 AGC；当 $I_E >$ 时，β 随 I_E 增大而下降，称为正向 AGC。

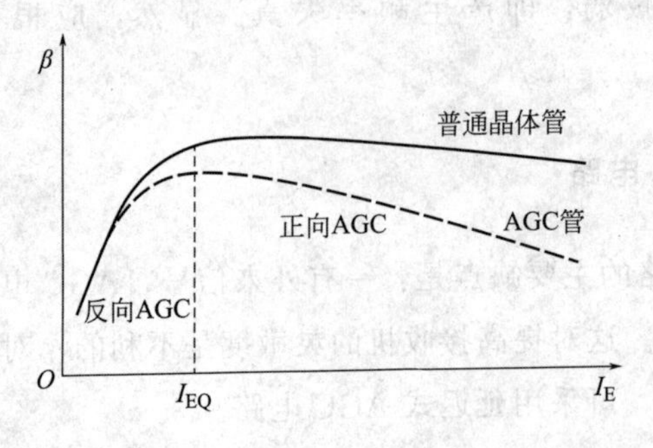

图 7-4　晶体管 $\beta \sim I_E$ 曲线

对于反向 AGC，可将 AGC 电压加至三极管的发射结，如图 7-5（a）、（b）所示。当 $|\pm U_{AGC}|$ 增大时，发射结电压 $|U_{BE}|$ 降低，造成 I_E 减小。从而形成了 $U_{im}\uparrow \to U_{om}\uparrow \to |\pm U_{AGC}|\uparrow \to I_E\downarrow \to \beta\downarrow \to A_U\downarrow$ 的控制过程，使输出电压减小，达到实现 AGC 的目的。

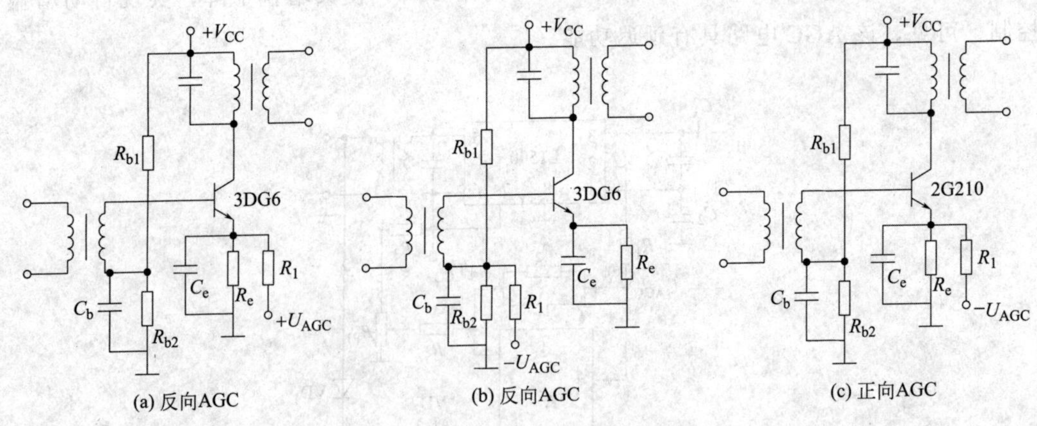

图 7-5　改变 I_E 的 AGC 电路

对于正向 AGC，I_E 必须随着 $|\pm U_{AGC}|$ 的增大而增大，才能使增益降低，起始工作点应选在曲线上 β 最大处，正向 AGC 电路的连接方法如图 7-5（c）所示。其控制过程可表示为：$U_{im}\uparrow \to U_{om}\uparrow \to |\pm U_{AGC}|\uparrow \to I_E\uparrow \to \beta\downarrow \to A_U\downarrow$。

但普通的高、中放管，其 $\beta \sim I_E$ 曲线的上升部分较陡，下降部分较平缓。为了使正向 AGC 灵敏，管子 $\beta \sim I_E$ 曲线的下降部分应较陡峭。满足上述要求的管子就是（正向）AGC 管，如 2G210、3DG79 等。

7.1.3.2　改变放大器的负载（集成电路）

改变放大器的负载是在集成电路组成的接收机中常用的实现 AGC 的方法。由于放大器的增益与负载密切相关，因此通过改变负载就可以控制放大器的增益。在集成电路

中，受控放大器的部分负载通常是三极管的射极输入电阻（发射结电阻），若用 AGC 电压控制管子的偏流，则该电阻也随着改变，从而达到控制放大器增益的目的。在集成宽带放大器 L1590 中，就采用上述的 AGC 电路。

7.2 自动频率控制（AFC）电路

7.2.1 自动频率控制电路的工作原理

自动频率控制也称自动频率微调，简称 AFC，顾名思义，用来控制振荡器的振荡频率，以达到某一预定要求。图 7-6 为 AFC 电路的原理框图，它由鉴频器、低通滤波器和压控振荡器组成，f_r 为标准频率，f_o 为输出信号频率。

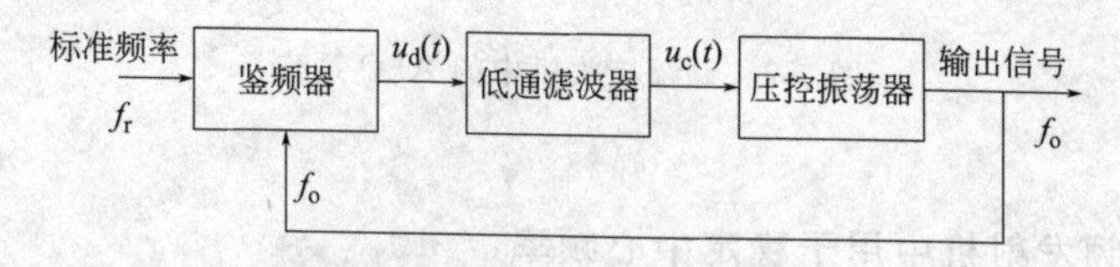

图 7-6 AFC 电路原理框图

由图 7-6 可见，压控振荡器的输出频率 f_o 与标准频率 f_r 在鉴频器中进行比较，当 $f_o=f_r$ 时，鉴频器无输出，压控振荡器不受影响；当 $f_o \neq f_r$ 时，鉴频器即有误差电压输出，其大小正比于（f_o-f_r），经低通滤波器滤除交流成分后，输出的直流控制电压 $u_c(t)$ 加到压控振荡器上，迫使压控振荡器的振荡频率 f_o 与 f_r 接近，而后在新的振荡频率基础上，再经历上述过程，使误差频率进一步减小，如此循环下去，最后 f_o 和 f_r 的误差减小到某一最小值时 Δf，自动微调过程停止，环路进入锁定状态。也就是说，环路在锁定状态时，压控振荡器输出信号频率等于（$f_r+\Delta f$）。称为剩余频率误差，简称剩余频差。这时，压控振荡器在由剩余频差 Δf 通过鉴频器产生的控制电压作用下，使其振荡频率保持在（$f_r+\Delta f$）上。可见，自动频率控制电路通过自身调节作用，可以将原先因压控振荡器不稳定而引起的较大频差减小到较小的剩余频差 Δf。

7.2.2 AFC 的应用

AFC 广泛用应用于接收机和发射机中，现介绍如下。

7.2.2.1 在调幅接收机中用于稳定中频频率

图 7-7 所示为采用 AFC 电路的调幅接收机组成框图，它与普通调幅接收机相比，

增加了限幅鉴频器、低通滤波器和放大器等部分，同时将本机振荡器改为压控振荡器。混频器输出的中频信号经中频放大器放大后，除送到包络检波器外，还送到限幅鉴频器进行鉴频。由于鉴频器中心频率调在规定的中心频率 f_I 上，鉴频器就可将偏离于中频的频率误差变换成电压，该电压通过窄带低通滤波器和放大后作用到压控振荡器上，压控振荡器的振荡频率发生变化，使偏离于中频的频率误差减小。这样，在 AFC 电路的作用下，接收机的输入调幅信号的载波频率和压控振荡器频率之差接近于中频。因此，采用 AFC 电路后，中频放大器的带宽可以减小，从而有得于提高接收机的灵敏度和选择性。

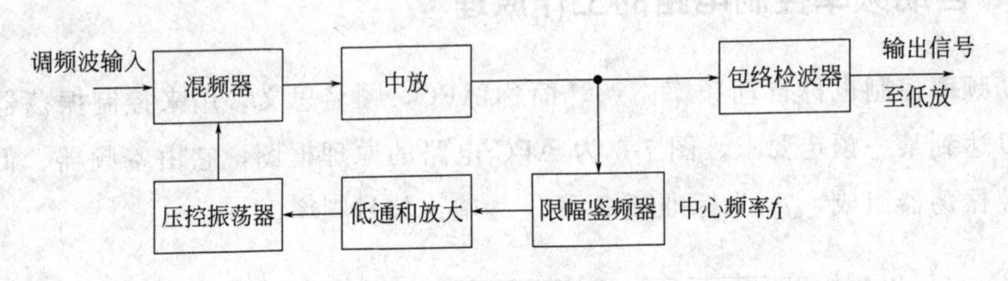

图 7-7　调幅接收机中的 AFC 系统

7.2.2.2　在调频发射机中用于稳定中心频率

如图 7-8 所示为采用 AFC 电路的调频发射机组成框图。图中石英晶体振荡器是频率稳定度很高的参考频率信号源，其频率为 f_r，作为 AFC 电路的标准频率；调频振荡器的标称中心频率为 f_c；鉴频器的中心频率调整在（f_r-f_c）上。由于 f_r 稳定度很高，当调频振荡器中心频率发生漂移时，混频器输出的频差随之变化，使限幅鉴频器输出电压发生变化，经低通滤波器滤除调制频率分量后，输出反映调频波中心频率漂移程度的缓慢变化电压，此电压加到调频振荡器上，调节其振荡频率，使中心频率漂移减小，稳定度提高。

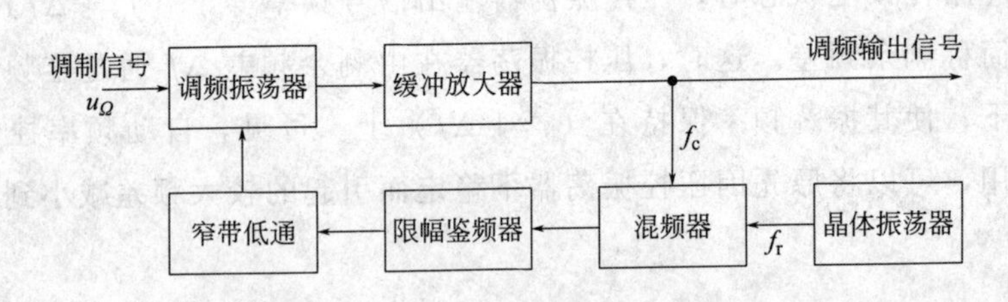

图 7-8　采用 AFC 电路的调频发射机框图

由上述分析可知，调频振荡器中心频率的稳定度除了与晶体振荡器的稳定度有关以外，还取决于鉴频中心频率的稳定度，因此，鉴频谐振回路的元件应精心选择。

7.3 锁相环电路

AFC电路是以消除频率误差为目的的自动控制电路。由于其基本原理是利用频率误差去消除频率误差，所以当电路达到平衡状态之后，必然有剩余频率误差存在，即无法完全消除频差，这也是AFC的缺点。

锁相环电路（Phase Lock Loop，简称PLL）即自动相位控制（APC）电路，也是一种以消除频率误差为目的自动控制电路。它的基本原理不是直接利用频率误差信号电压去消除频率误差，而是利用相位误差信号去消除频率误差，所以当电路达到平衡状态时，虽然有剩余误差存在，但频率误差可以降低到零，从而实现无频率误差的频率跟踪和相位跟踪。而且锁相环电路还具有不使用电感线圈、易于集成化和性能优越等许多优点，因此广泛应用于通信、雷达、制导、导航、仪表和电机等方面。

7.3.1 锁相环的工作原理

锁相环的基本组成如图7-9所示。它由鉴相器（PD）、环路滤波器（LF）和压控振荡器（VCO）组成闭合环路。

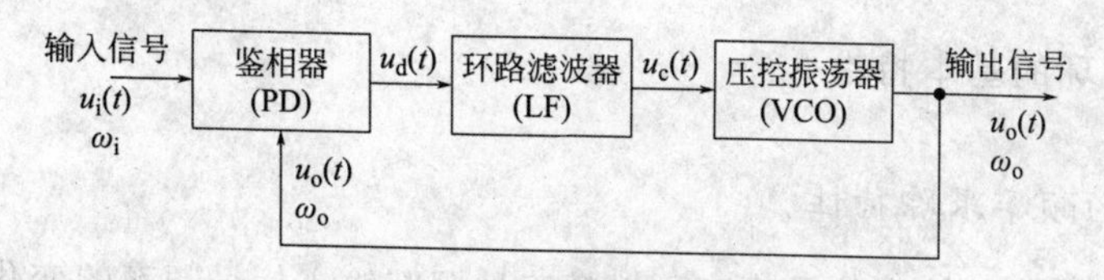

图7-9　锁相环基本组成框图

众所周知，两个振荡信号频率相等，则这两个信号之间的相位差必保持恒定，换句话说，如果能保证两个信号之间的相位差恒定，则这两个信号频率必相等。

锁相环与AFC电路相比较，差别在于比较器采用了鉴相器。鉴相器是相位比较器，将输入信号与VCO输出信号的相位进行比较，输出电压$u_d(t)$与两个输入信号之间的相位误差呈线性关系。环路滤波器是一个低通滤波器，用来滤除误差电压中的高频分量及噪声，输出控制电压$u_c(t)$。压控振荡器是一种电压-频率转换器，其输出信号的角频率与控制电压成对应关系。

如果压控振荡器的角频率ω_o（或输入信号角频率ω_i）发生变化，则称锁相环处于“失锁”状态，这时输入到鉴相器的电压$u_i(t)$和$u_o(t)$之间势必产生相应的相位差，鉴相器将输出一个与相位误差成比例的误差电压$u_d(t)$，经过环路滤波器取出其中缓慢变化的直流电压$u_c(t)$，控制压振荡器输出信号的频率和相位，使得$u_i(t)$、$u_o(t)$之间的频率和相位差不断减小，当减小到压控振荡器输出信号的频率等于输入信号频率、相位差等于恒定值时，就称锁相环处于“锁定”状态。

7.3.2 锁相环的性能分析

7.3.2.1 跟踪过程及跟踪带

环路锁定后，若输入信号频率 ω_i 发生改变而与 ω_o 之间产生瞬时频差，从而使瞬时相位差发生改变，则锁相环将及时调节误差电压，经环路滤波器变换后控制 VCO 的频率，使 ϕ_o 改变，减少它与 ϕ_i 之差。当控制频差等于固有频差时，瞬时频差再次为零，继续维持锁定。这一过程称为跟踪过程，也称为同步过程。

跟踪带（也称为同步带）是指能够维持环路锁定所允许的最大固有频差，它是一个与环路滤波器的带宽及压控振荡器的频率控制范围有关的参数。

7.3.2.2 捕捉过程及捕捉带

刚运行时锁相环一般处于“失锁”状态。通过自身的调整，环路由“失锁”状态进入“锁定”状态的过程称为捕捉过程。在捕捉过程中，环路能够由“失锁”状态进入“锁定”状态所允许的最大固有频差称为捕捉范围，用 $\Delta\omega_p$ 表示。捕捉过程所需要的时间成为捕捉时间，用 τ_p 表示。

7.3.2.3 锁相环的基本特性

(1) 良好的频率跟踪特性

锁相环锁定后，其输出信号频率可以精确地跟踪输入信号频率的变化，即当输入信号频率稍有变化后，能通过环路的自身调节，最后达到输出信号频率等于输入信号。

(2) 良好的窄带滤波特性

锁相环通过环路滤波器的作用产生窄带滤波器特性。当压控振荡器输出信号的频率，锁定在输入信号频率上时，位于信号频率附近的频率分量通过鉴相器变成低频信号而平移到零频率附近，这样环路滤波器的低通作用对输入信号而言就相当于一个高频带通滤波器，只要把环路滤波器的通带做得较窄，整个环路就具有很窄的带通特性。它的相对带宽可做到 $10^{-6}\sim10^{-7}$ 级别，例如在几十兆赫兹的频率上可做到几赫兹的带宽，任何 LC、RC、石英晶体和陶瓷滤波器难以达到这个效果。

(3) 锁定后无剩余误差

锁相环利用输入、输出信号之间的相位差来产生误差电压，实现环路自身的控制与调整，最终使两个信号之间的相位差保持恒定，从而达到了两个信号频率相等的目的，所以锁相环路进入锁定后，可实现无误差频率跟踪。

7.3.3 锁相技术的应用

因锁相环具有良好的跟踪和窄带滤波特性，并且易于集成化，体积小，可靠性高及功能强大，因此在倍频器、分频器、混频器及调制解调器等电路中得到广泛的应用，下面做简要介绍。

7.3.3.1 锁相倍频电路

实现 VCO 输出瞬时频率锁定在输入信号频率的 n 次谐波上的环路称为锁相倍频器。如图 7-10 所示在基本锁相环路的反馈支路上插入一个 n 分频器，即可实现 n 倍频。若采用具有高分频次数的可变数字分频器，则锁相环路可做成高倍频次数的可变倍频器。

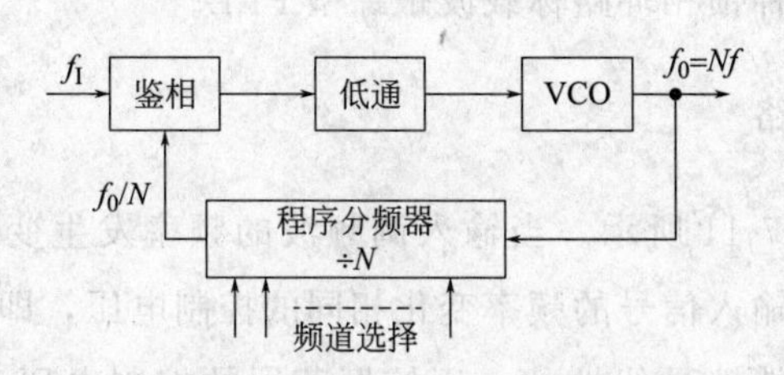

图 7-10　数字锁相倍频器原理方框图

锁相倍频器与普通倍频器相比较，其优点是：

① 锁相环路具有良好的窄带滤波特性，容易得到高纯度的频率输出，而在普通倍频器（如采用丙类谐振功率放大器构成的倍频器）的输出中，谐波干扰是经常出现的。

② 锁相环路具有良好的跟踪特性和滤波特性，锁相倍频器特别适用于输入信号频率在较大范围内飘移，并同时伴随着有噪声干扰的情况，这样的环路兼有倍频和跟踪滤波的双重作用。

7.3.3.2 锁相分频电路

实现 VCO 输出瞬时频率锁定在输入信号频率的 $1/n$ 次谐波上的环路称为锁相分频器。在基本锁相环路的反馈支路上插入一个 n 倍频器，即可实现 n 分频。

7.3.3.3 锁相混频电路

锁相混频电路在锁相环的反馈支路中插入混频器和中频放大器实现的。

锁相混频电路特别适用于输入信号频率 ω_i 远大于本振信号频率 ω_L 的场合。用普通混频器对两个信号进行混频时，输出的和频 $\omega_i+\omega_L$ 和差频 $\omega_i-\omega_L$ 十分靠近，要取出其中任意一个组合分量，滤除另一个组合分量，对混频器的输出滤波器要求都十分苛刻，而利用上述锁相混频电路进行混频则十分方便。

7.3.3.4 锁相调频电路

采用锁相环调频，能够得到中频频率稳定度极高的调频信号。锁相环使 VCO 的中心频率稳定在晶振频率上，同时调制信号也加至 VCO 上，从而实现调频。

实现锁相调频的条件是调制信号的频谱要处于低通滤波器通带之外，使压控振荡器的中心频率锁定在稳定度很高的晶振频率上，而随着输入调制信号的变化，振荡频率可以发生很大偏移。这样，调制信号不能通过低通滤波器，因而在锁相环路内不能形成交流反馈，也就是调制频率对锁相环路无影响。锁相环就只对 VCO 平均中心频率不稳定所引起的分量（处于低通滤波器通带之内）起作用，使它的中心频率锁定在晶振频率上。因此，输出调频波的中心频率稳定度很高。这样，用锁相环路调频器能克服直接调频的中心频率稳定度不高的缺点。若将调制信号经过微分电路送入压控振荡器，环路输出的就是调相信号。这种锁相环路称载波跟踪型 PLL。

7.3.3.5 锁相鉴频电路

锁相鉴频电路如图 7-11 所示。当输入调频波的频率发生变化时，经鉴相器和环路滤波器后将得到一个与输入信号的频率变化相同的控制电压，即实现鉴频。显然，只要压控振荡器的频率控制特性是线性的，压控振荡器的控制电压 $u_c(t)$ 就是输入调频信号的原调制信号，取出 $u_c(t)$ 输出，即实现了调频波的解调。解调信号一般不从鉴相器输出端取出，因这时解调电压信号中伴有较大的干扰和噪声。为了实现不失真的解调，要求锁相环路的捕捉带必须大于输入调频波的最大频偏，环路带宽必须大于输入调频波中调制信号的频谱宽度。

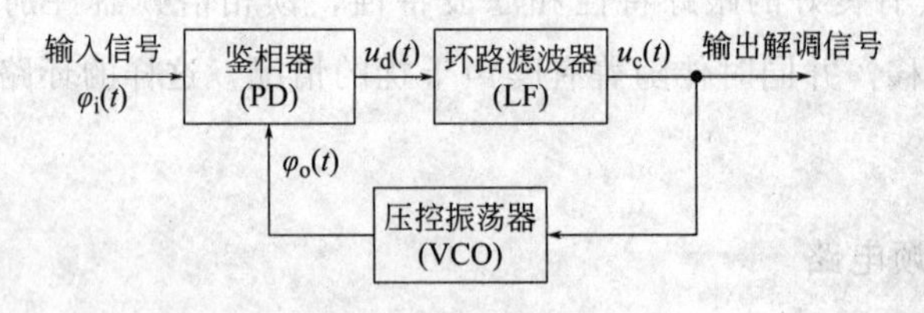

图 7-11 锁相鉴频电路框图

分析证明，锁相鉴频可降低输入信噪比的门限值，而有利于对弱信号的接收。

仿真实验三 锁相环性能测试

一、实验目的

1. 熟悉锁相环路及其工作特性。
2. 掌握锁相环路捕捉带和同步带的测量方法。

二、实验内容

利用 Multisim 仿真软件绘制出图 7-12 所示的锁相环路原理电路。

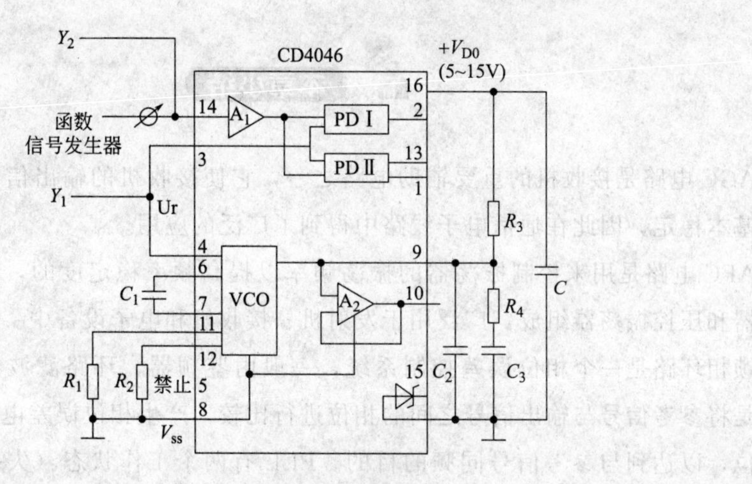

图 7-12 锁相环路原理电路

图中 CD4046 是 CMOS 器件锁相环集成电路。为 16 脚 DIP 封装。A_1 电路对输入信号放大整形，以使鉴相器的两个输入信号均为方波。A_2 为一个源极跟随器。VCO 为压控振荡器，外接 C_1（51pF）、R_1（15kΩ）决定了 VCO 的中心频率，R_2（100kΩ）决定最低振荡频率。引脚 5 为禁止端，该端为高电平时，VCO 停振。PD_1 为鉴相器，PD_2 为存储器。R_3（10kΩ）、R_4（10kΩ）、C_2（0.01μF）和 C_3（0.47μF）组成环路低通滤波器。

在不接入函数信号发生器的情况下，用示波器观察第 4 脚内部 VCO 的输出波形；调节 R_1，使 VCO 自由振荡频率在 700～800kHz 范围内，用频率计测量并记录。

将函数信号发生器频率调至 VCO 自由振荡频率附近，将幅度为 15V 左右的正弦波输出至 CD4046 的第 14 脚，用示波器观察环路有无锁定，当示波器 Y_1、Y_2 两个波形同步时即为锁定。测出锁定时的两信号之间的相位差，并测出锁定控制电压 U_c。然后，改变函数信号发生器的频率，观察两波形之间的相位差变化及控制电压的变化。此时，可记录下频率、相位差和控制电压 U_c 之间的对应变化关系。

测量锁相环路的捕捉带和同步带。调节函数信号发生器从环路失锁状态（即远离 VCO 自由振荡频率）逐渐向锁定状态接近，假设频率调至 f_{c1}（或 f_{c2}）环路开始锁定，则 f_{c1} 和 f_{c2} 之差即为捕捉带。同理，可将函数信号发生器从环路锁定状态调节，直至环路开始失锁（假设此时频率为 f_{B1} 和 f_{B2}）则 f_{B1} 和 f_{B2} 之差为同步带。环路的同步带一般大于捕捉带。

三、数据整理及总结

① 整理实验测量数据，记录出测到的环路压控振荡器的中心频率，环路的捕捉带和同步带。

② 分析总结为什么锁定时改变函数信号发生器的频率会使 Y_1 和 Y_2 间波形的相位差发生变化，计算中心频率附近相位差为多少。

AGC 电路是接收机的重要辅助电路之一，它使接收机的输出信号在输入信号变化时能基本稳定，因此在通信电子线路中得到了广泛的应用。

AFC 电路是用来控制振荡器的振荡频率以提高频率稳定度的，它由鉴频器、低通滤波器和压控振荡器组成，广泛用于发射机、接收机和电子设备中。

锁相环路是一个相位误差控制系统，一般由鉴频器、环路滤波器和压控振荡器组成，是将参考信号与输出信号之间的相位进行比较，产生相位误差电压来调整输出信号的相位，以达到与参考信号同频的目的。PLL 有两个工作状态（失锁和锁定）和两个工作过程（捕获和跟踪），锁定和跟踪统称为同步。

随着电子技术的发展，特别是集成电路的出现，各种电子系统广泛使用锁相环路，例如锁相接收机、微波锁相振荡器、锁相调频器、锁相鉴频器等。特别在锁相频率合成器中，锁相环路具有稳频作用，能够完成频率的加、减、乘、除等运算，可以作为频率的加减器、倍频器、分频器等使用。

思考与练习

1. AGC 电路的作用是什么？实现 AGC 的方法有哪几种？

2. 画出 AFC 电路的组成框图，并说明它的工作原理。

3. 锁相与自动频率调节有何区别？为什么说锁相环相当于一个窄带跟踪滤波器？

4. 在锁相环路中，常用的滤波器有哪几种？写出它们的传输函数。

5. 什么是环路的跟踪状态？它和锁定状态有什么区别？

6. 试分析锁相环路的同步带和捕捉带之间的关系。

7. 试画出锁相环路的方框图，并回答以下问题：

(1) 环路锁定时压控振荡器的频率和输入信号频率之间是什么关系？

(2) 在鉴相器中比较的是何种参量？

8. 图 7-10 中，已知鉴相器具有线性鉴相特性，试分析用它实现调相波解调的原理。

9. 举例说明锁相环路的应用。

无线收发系统实训

8.1 超外差收音机组装与调试

本章内容为实训操作。通过对调幅收音机的安装、焊接及调试，要求学生熟悉通信设备整机的组成和工作原理，了解电子产品的生产制作过程，掌握电子元器件的识别及质量检验，学会利用工艺文件独立进行整机的装焊和调试，并达到产品质量要求；学习按照行业规程要求撰写实训报告，培养工程实践观念及严谨细致的科学作风。

实训所需仪表及工具：万用表、收音机散件一套，尖嘴钳，剥线钳，螺钉旋具，剪刀，锉刀，电烙铁，焊锡，松香。

8.1.1 超外差式收音机 HX118-2 的电路分析

8.1.1.1 电路结构

HX118-2 超外差收音机原理图见图 8-1。整机中含有 7 只三极管，因此称为 7 管收

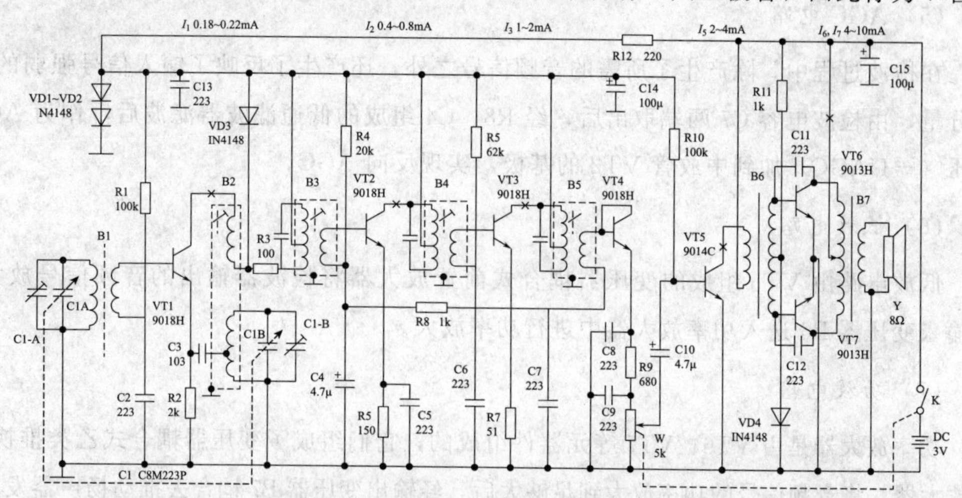

说明：“*”为集电极工作电流测试点，电流参考值见图顶端所示。电流223即为0.022μF, 103即为0.01μF。

图 8-1 HX118-2 超外差收音机原理图

音机。其中，三极管 VT1 为变频管，VT2、VT3 为中放管，VT4 为检波管，VT5 为低频前置放大管，VT6、VT7 为低频功放管。

8.1.1.2 电路分析

(1) 磁性天线输入回路

输入回路的任务是：通过天线收集电磁波，使之变为高频电流；选择信号。在众多的信号中，只有载波频率与输入调谐回路相同的信号才能进入收音机。

输入回路由磁性天线 B1、双联可变电容器 C1A 构成。磁性天线（由线圈套在磁棒上构成）初级感应出较高的外来信号电压，经调谐回路选择后的信号电压感应给次级输入到变频级。

(2) 变频电路

混频电路由混频、本机振荡和选频三部分电路组成。其作用是把天线接收下来的不同频率的高频信号变成一个固定频（465kHz）的中频信号，送到中频放大电路。

适当调节 C1-A，C1-B，使本振频率跟踪高频信号频率并保持 465kHz 的频率差。

(3) 中放电路

中放是由 VT2、VT3 等元器件组成的两级小信号谐振放大器。通过两级中放将混频后所获得的中频信号放大后，送入下一级的检波器。

(4) 检波电路

检波器是由三极管 VT4（相当于二极管）等元件组成的大信号包络检波器。检波器将放大了的中频调幅信号还原为所需的音频信号，经耦合电容 C10 送入后级低频放大器中进行放大。

(5) AGC 电路

在检波过程中，除产生了所需的音频信号之外，还产生了反映了输入信号强弱的直流分量，由检波电容 C7 两端取出后，经 R8、C4 组成的低通滤波器滤波后，作为 AGC 电压（－UAGC）加到中放管 VT2 的基极，实现反向 AGC。

(6) 低放电路

低放电路由 VT5 组成的变压器耦合式前置放大器将检波器输出的音频信号放大，经输入变压器 B6 送入功率放大器中进行功率放大。

(7) 功放电路

功率放大器是由 VT6、VT7 等元器件组成的，它们组成了变压器耦合式乙类推挽功率放大器，将音频信号的功率放大到足够大后，经输出变压器 B7 耦合去推动扬声器发声。其中 R11、VD4 是用来给功放管 VT6、VT7 提供合适的偏置电压，消除交越失真。

8.1.2　元器件参数及功能

元器件参数及结构件清单如表 8-1 所示。元器件的检测内容见表 8-2。

表 8-1　元器件及结构件清单

位号	名称规格	外形
R1	电阻 100k	R1 100k　棕黑黄
R2	2k	R2 2k　红黑红
R3	100	R3 100Ω　棕黑棕
R4	200k	R4 20k　红黑橙
R5	150	R5 150Ω 棕绿棕
R6	62k	R6 62k　蓝红橙
R7	51	R7 51Ω　绿棕黑
R8	1k	R8 1k　棕黑红
R9	680	R9　680Ω　蓝灰棕
R10	51k	R10 51k　绿棕橙
R11	1k	R11 1k　棕黑红
R12	220	R12 220Ω　红红棕
R13	24k	R13 24k　红黄橙
W	电位器 5k	电位器 1 个
C1	双连 CBM223P	双联 CBM223P　1 个
C2、C5、C6 C7、C8、C9、C11、C12、C13	圆片电容 0.022μF	223　9 只
C3	圆片电容 0.01μF	103
C14、C15	电解电容 100μF	100μF
C4 、C10	电解电容 4.7μF	4.7μF
磁棒	B5X13X55	
B1	天线线圈	

续表

位号	名称规格	外形
B2	振荡线圈（红）	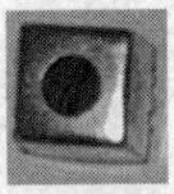
B3	中周（黄）	
B4	中周（白）	
B5	中周（黑）	
B6	输入变压器（蓝绿）	
B7	输出变压器（红）	
VD1、VD2、VD3、VD4	二极管 IN4148	
VT1、VT2、VT3、VT4	三极管 9018H	
VT5	三极管 9014C	
VT6、VT7	三极管 9013H	
Y	21/4 扬声器 8	
1	前框 1	
2	后盖 1	

续表

位号	名称规格	外形
3	周率板 1	
4	调谐盘 1	
5	电位盘 1	
6	印制板 1	
7	正极片 2	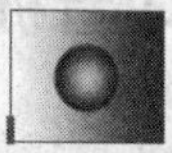
8	负极簧 2	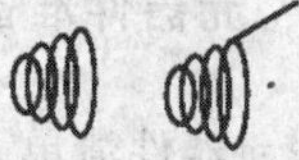
9	拎带 1	
10	沉头螺钉（M2.5X5）	 双联螺钉　2 个
11	自攻螺钉（M2.5X5）	 机芯自攻螺钉　1 个
12	电位器螺钉（M1.7X4）1	
13	连接线： 正极导线（9cm）1 负极导线（10cm）1 扬声器导线（10cm）2	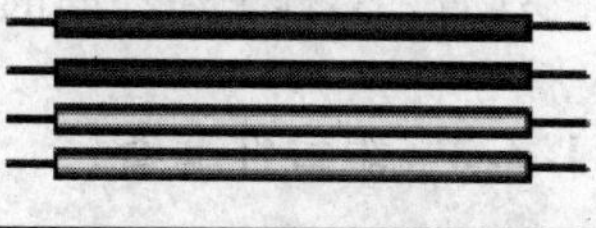

表 8-2　元器件检测内容

元器件	检测内容	万用表量程
电阻 R	电阻值	×10、×100、×1k
电容 C	电容绝缘电阻	×10k
三极管 hfe	晶体管放大倍数 9018H（97-146） 9014C（200-600）、9013H（144-202）	hfe

续表

元器件	检测内容	万用表量程
二级管	正、反向电阻	×1k
中周	红 4Ω 0.3Ω 0.4Ω 黄 2Ω 4Ω 0.3Ω 白 1.8Ω 3.8Ω 0.4Ω 黑 2Ω 4.5Ω 1Ω	×1
输入变压器（蓝色）	90Ω 90Ω 220Ω	×1
输出变压器（红色）	0.9Ω 0.9Ω 0.4Ω 1Ω 0.4Ω	×1

注：磁性天线：初级线圈 5Ω，次级线圈阻值 1Ω

8.1.3 收音机电路装配与焊接

8.1.3.1 元器件准备

根据元器件清单（见表 8-1）清点元器件，用万用表检测元器件的质量好坏。再将所有元器件上的漆膜、氧化膜清除干净，进行搪锡（如元器件引脚未氧化则省去此项），最后根据图 8-2 所示将电阻、二极管进行弯脚。

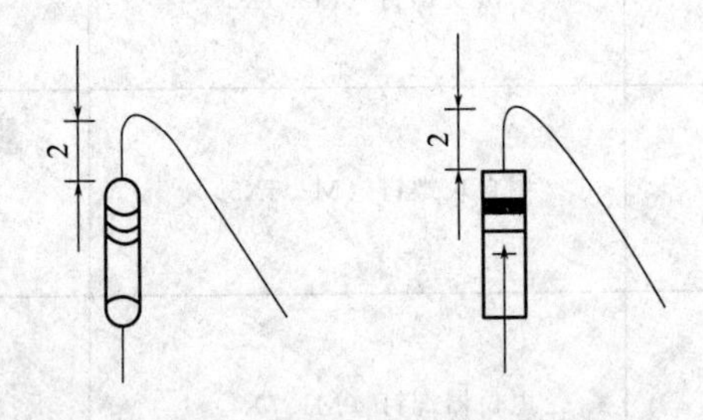

图 8-2 电阻、二极管弯脚方式

注意：磁性天线线圈的线较细，刮去漆皮时不要弄断导线。

8.1.3.2 组合件准备

① 将电位器拨盘装在 W-5K 电位器上，用 M1.7×4 螺钉固定。

② 将磁棒按图 8-3 所示套入天线线圈及磁棒支架。

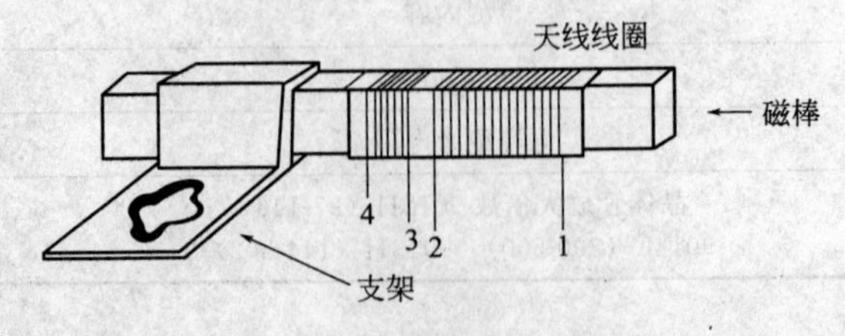

图 8-3 磁棒天线装配示意图

8.1.3.3　插装与焊接

（1）插装

按照装配图（见图 8-4）正确插入元件，其极性应符合图纸规定。

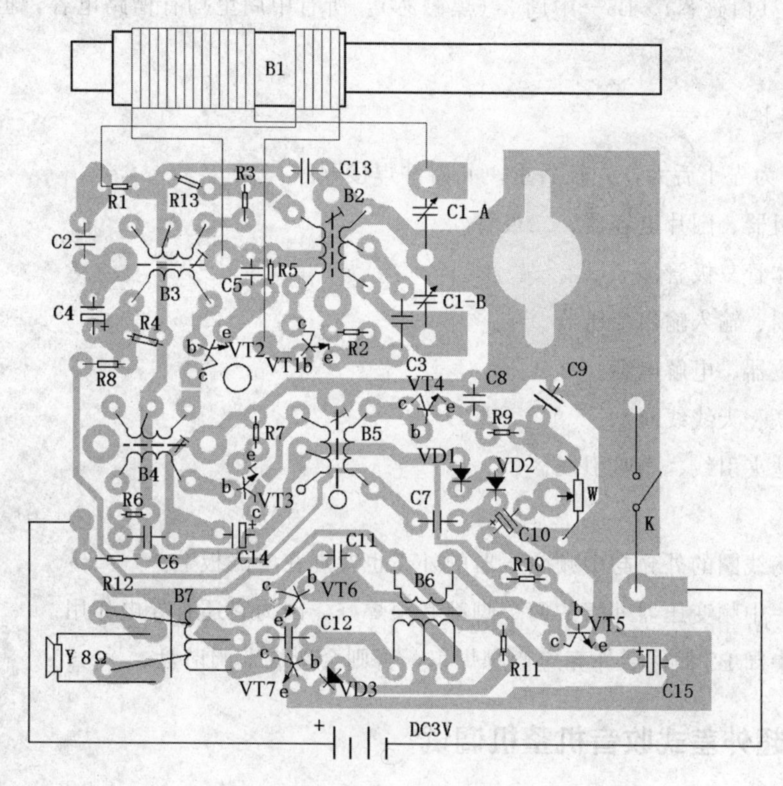

图 8-4　HX108-2 型收音机装配图

注意：

① 电阻全部为立式安装，所有电容器和三极管等的安装高度以中频变压器为准，不能过高。

② 二极管、三极管的极性以及色环电阻的识别。如图 8-5 所示。

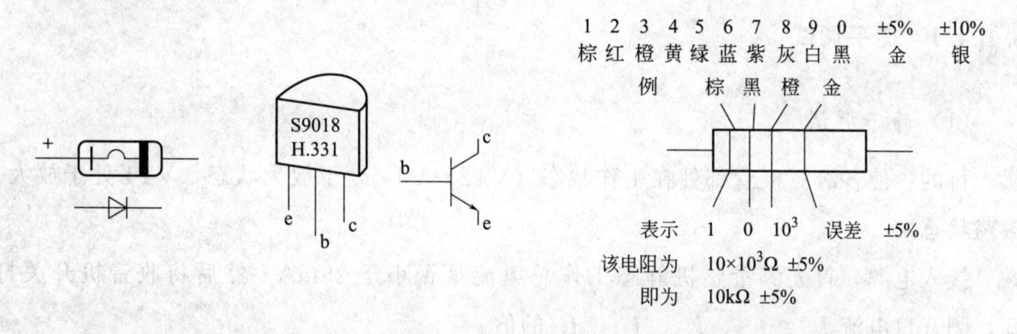

图 8-5　二极管、三极管及色环电阻的识别

③ 输入（绿或蓝色）、输出（黄色）变压器要辨认清楚。输出变压器的次级电阻不到 1Ω。与输入变压器初次级的电阻相差很大。

④ 由于振荡线圈与中周在外形上几乎一样，则安装时一定要认真选取。不同线圈是以磁帽的不同颜色来加以区分的：B2→振荡线圈（红磁芯）、B3→中周 1（黄磁芯）、B4→中周 2（白磁芯）、B5→中周 3（黑磁芯）。所有中周里均有槽路电容，但振荡线圈中却没有。

（2）焊接

元器件为先小后大，先轻后重。元器件焊接顺序：

① 电阻器、圆片电容器、二极管。

② 晶体管三极管。

③ 中周、输入输出变压器。

④ 电位器、电解电容。

⑤ 双联、天线线圈。

⑥ 电池夹引线、喇叭引线。

注意：

① 振荡线圈的外壳与中频变压器的外壳也要焊在电路板上。

② 第一中频变压器外壳的两个脚都必须焊好，因为它还有导电作用。

③ 红中周 B2 插件后外壳应弯脚焊牢，否则会造成卡调谐盘。

8.1.4 超外差式收音机整机调试

新装的收音机，必须通过调试才能满足性能指标的要求。收音机调试的目的是提高收音机的选择性（收台多），提高收音机的灵敏度。

收音机调试的方法有两种，一种是徒手调试，另一种是利用设备仪器调试。其调整内容包括调整各级晶体管的工作点，调整中频频率，调整覆盖（即对刻度），统调（调整频率跟踪即灵敏度）。

8.1.4.1 徒手调试

（1）静态调试

目的：使各级三极管都处在工作状态（VT2～VT7 处于放大状态，VT1 处于放大、振荡状态）。

接入电源，首先测量整机静态工作总电流是否小于 25mA。然后将收音机开关打开，测开口电流 I_{c1}、I_{c2}、I_{c3}、I_{c5}、I_{c7}的值。

各级工作点参考值如下。

$V_{cc}=3V$；

$U_{c1}=1.35V$，　　$I_{c1}=0.18\sim0.22mA$；

$U_{c2}=1.35V$，　　$I_{c2}=0.4\sim0.8mA$；

$U_{c3}=1.35V$，　　$I_{c3}=1\sim2mA$；

$U_{c4}=1.4V$；

$U_{c5}=2.4V$，　　$I_{c5}=2\sim4mA$；

$U_{c6}=3V$，　　$I_{c6}=4\sim10mA$；

$U_{c7}=3V$，　　$I_{c7}=4\sim10mA$。

如果电流过大，说明电路中有短路或者某只三极管的引脚焊错，应仔细检查。若电流符合要求，用焊锡把测试点连接起来。

(2) 动态调试

① 调整中频频率（调中周）。中频放大级是决定超外差收音机灵敏度和选择性的关键。中频频率在出厂时都已调好，且中频变压器一般不易失谐，故只有在非调不可，如修理中更换了中频变压器、中放管等元件时才去调整它。

目的：实际上三个中周不同时工作在一个单一频率上。要保证信号的通频带宽度，三个中周振荡频率存在一定的差值。调整中频频率的目的是使三个中周变压器（中频调谐回路）的谐振频率调整为固定的中频频率465kHz。

由于所用中周是新的，一般厂家已调整到465kHz。调试时打开收音机，在高端接收某一个电台，用无感应螺丝刀调节中周磁芯，以改变其电感量。调整顺序是由后级往前级，即先调黑中周B5调到声音响亮为止，然后调白中周B4，最后调黄中周B3。由于前、后级之间相互影响，反复调整几次。

② 调频率覆盖（对刻度）。收音机的接收频率应与刻度盘上的频率标志相一致，调整时可以先调中波后调短波。

目的：使双连电容全部旋入至全部旋出时，收音机所接收的信号频率范围正好是整个中波段535～1605kHz。

先在535～700 kHz范围内选一个电台，例如选549 kHz作低频端调试信号，使参考调谐盘指针指在549kHz的位置，调整振荡线圈B2（红色）的磁芯，收到这个电台，并调到声音较大。这样，双联电容全部旋进时容量最大，此时的接收频率约为525～530kHz，低端刻度对准。

在1400～1600 kHz范围内选一个已知频率的电台。例1377kHz，再将调谐盘指针在周率板刻度1377kHz的位置，调节振荡回路中微调电容C1-B，收到这个电台并将声音调大。这样，当双联全部旋出容量最小时，接收频率必定在1620～1640kHz附近，高端位置对准。

③ 调统调（调灵敏度，跟踪调整）。目的：使本机振荡频率与输入回路频率的差值

恒为中频 465kHz。

调整输入回路的电感、电容。在所选频率范围内的高、中、低三点进行跟踪，即三点统调。常取低频端 600kHz 附近，中频 1000kHz 附近，高频端 1500kHz 附近。

将收音机调到 600kHz 附近的一个电台上，调整输入回路天线线圈在磁棒上的位置，使声音最响，达到低端统调目的。

将收音机调到频率高的电台（例 1500kHz 附近），调节输入回路中的微调电容 C1-A，使声音最响，达到高端统调目的。

由于高、低端之间相互影响，反复调整几次。当高低端都统调了以后，一般来说中间频率也自然跟踪了。

图 8-6 所示为双联电容器上的微调电容。

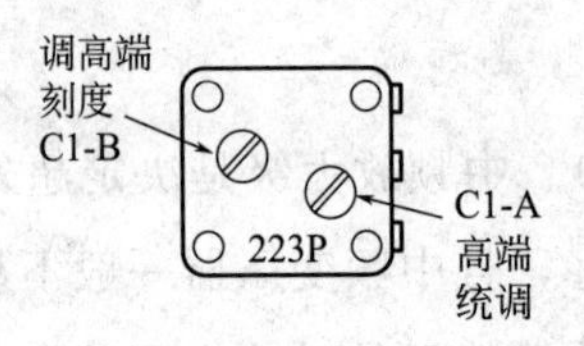

图 8-6　双联电容器上的微调电容

8.1.4.2　仪器设备辅助调试

（1）仪器设备

稳压电源（200mA、3V），高频信号发生器，示波器，毫伏表（或同类仪器），圆环天线（调 AM 用），无感应螺丝刀。

（2）调试步骤

收音机在中波段内能收到本地电台后，即可进行调试工作。仪器连接方框图如图 8-7 所示。

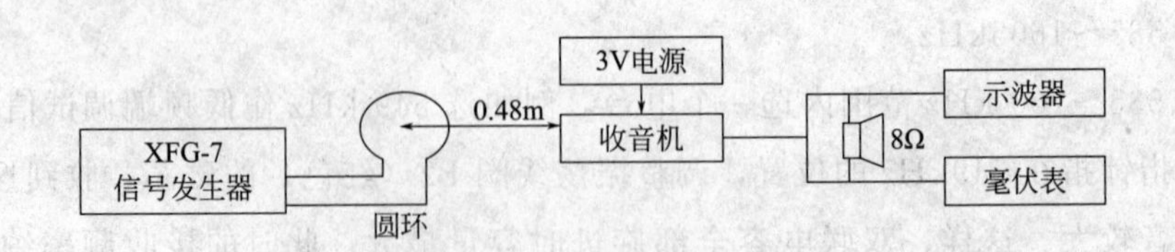

图 8-7　仪器连接方框图

① 中放调试。首先将双联电容旋至最低频率点，信号发生器输出 535kHz，输出场强为 10mV/M，调制频率为 1000Hz，调幅度为 30%。收音机收到信号后，示波器应有 1000Hz 信号波形，用无感应螺丝刀依次调节黑 B5、白 B4、黄 B3 三个中周，且反复调节，使其输出最大，此时，465kHz 中频即调好。

② 频率覆盖。将信号发生器置于520kHz，输出场强为5mV/M，调制频率1000Hz，调幅度30%。双联电容调至低端，用无感应螺丝刀调节振荡线圈B2（红色），收到信号后，再将双联电容旋至最高端，信号发生器置于1620kHz，调节双联振荡联微调电容C1-B，收到信号后，再重复将双联电容旋至低端，调振荡线圈B2（红色），以此类推。高低端反复调整，直至低端频率为520kHz，高端频率为1620kHz为止，频率覆盖调节到此结束。

③ 统调。将信号发生器置于600kHz频率，输出场强为5mV/M左右，调节收音机，收到600kHz信号后，调整输入回路天线线圈在磁棒上的位置，使输出最大。然后将信号发生器旋至1400kHz，调节收音机，直至收到1400kHz信号后，调双联微调电容C1-A，使输出为最大，重复调节600kHz和1400kHz统调点，直至二点均为最大为止，至此统调结束。

在中频、覆盖、统调结束后，机器即可收到高、中、低端电台，且频率与刻度基本相符。

8.1.5 超外差式收音机常见故障及检测方法

8.1.5.1 检修收音机故障的原则

（1）先外后内

有故障的收音机，应先从外表上检查，检查是否有机壳摔坏，拉线断线、插接件损坏或接触不良、磁棒断裂等。另外，要根据收音机反映出的故障现象，如无声、有“沙、沙”杂音而收不到电台、啸叫、失真等来初步分析可能是什么毛病，然后动手检查电路。

（2）先易后难

应先从容易找到故障的地方检查，如电源断线、某一元件引线是否断线等。

（3）先粗后精，逐步压缩

首选粗略找出故障的部位，然后逐步缩小，最后找出故障元件。例如，先找出是低频部分还是高频部分；若是低频部分，再找出是前置级还是功放级；若是功放级，再找是放音元件还是输出放大级电路。

8.1.5.2 超外差收音机常见故障

外差式收音机常见故障现象可分为无声、灵敏度低、音小、失真、杂音（噪声）大、啸叫、混台（选择性低）等。

检测收音机时，一般由后级向前检测，先检查低功放级，再检查中放和变频级。

(1) 整机无声（用 MF47 型万用表检查故障方法）

用万用表 Ω×1 挡黑表棒接地，红表棒从后级往前级寻找，对照原理图，从喇叭开始，顺着信号传播方向逐级往前碰触，喇叭应发出“喀喀”声。当碰触到哪级无声时，则可判断故障就在该级，可测量工作点是否正常，并检查有无接错、焊错、塔焊、虚焊等。若在整机上无法查出该元件的好坏，则可拆下来检查。

(2) 检测变频部分是否起振

用 MF47 型万用表直流 2.5V 挡，正表棒接 V1 发射极，负表棒接地，然后用手摸双联振荡联（即连接 B2 端），万用表指针应向左摆动，说明电路工作正常，否则说明电路中有故障。变频级工作电流不宜太大，否则噪声大。

(3) 检测中频部分故障

中周 B3 外壳两脚未接地，产生啸叫，收不到电台。

中频变压器序号位置弄错，结果是灵敏度和选择性降低，有时有自激。

(4) 检测低频部分故障

输入、输出位置弄错，虽然工作电流正常，但音量很低，VT6、VT7 集电极（c）和发射极（e）搞错，工作电流调不上，音量极低。

(5) 工作电压测量（总电压 3V）

两端电压应在 1.3V±0.1V，大于 1.4V 或小于 1.2V 均不正常。大于 1.4V，二极管 4148 可能极性接反或损坏。小于 1.3V 或无电压，可检测：

① 3V 电源是否接上。

② R12 电阻是否接好。

③ 中周（特别是白中周与黄中周）初级与其外壳短路。

(6) 变频级无工作电流

检测天线线圈次级是否接好，VT1 三极管是否已损坏，或未按要求接好；红中周次级是否不通，R3 虚焊，或错焊了较大值电阻，电阻 R1 和 R2 接错或虚焊。

(7) 一中放无工作电流

检测 VT2 晶体管是否坏了或管脚（e、b、c）插错，R4 电阻是否未焊好，或黄中周次级开路，C4 电解电容短路，R5 开路或者虚焊。

(8) 一中放电流大

检测是否 R8 电阻未接好或铜箔有断裂现象。是否 C5 电容短路，或 R5 电阻接成 51Ω；是否电位器坏，测量不出阻值，R9 未接好；是否检波管 VT4 坏，或管脚插错。

(9) 二中放无工作电流

检测是否黑中周初级开路，或黄中周次级开路，是否晶体管坏或管脚接错，是否R7电阻未焊好，R6电阻未焊好。

(10) 二中放工作电流太大

检测是否R6接错，阻值远小于62k。

(11) 低放级无工作电流

检测是否输入变压器（蓝）初级开路，VT5三极管坏或管脚接错，是否电阻R10未焊好。

(12) 低放级电流太大

检测是否R10装错，阻值太小。

(13) 功放级无电流

检测是否输入变压器次级不通，输出变压器不通，是否VT6、VT7三极管坏，或管脚未焊好，R11电阻未接好。

(14) 功放级电流太大

检测是否二极管VD4坏或极性接反，管脚未焊好。是否R11电阻装错了，用了很小的电阻（远小于1k）。

8.2 调频无线话筒的组装与调试

调频无线话筒可以将声波转换成88～108MHz的无线电波发射出去，用普通调频收音机或者带收音功能的手机就可以接收信号。

将声音调制到载波上，可以用调幅的方法，也可以用调频的方法。与调幅相比，调频具有抗干扰能力强、信号传输保真度高等优点，缺点是占用频带宽度较宽。调频方式一般用于超短波波段。

调频无线话筒具有使用电压低、灵敏度高、制作简单的特点，如在驻极体话筒后加一音频放大器，有效距离在50m左右，可用做无线话筒。

8.2.1 调频无线话筒的电路分析

8.2.1.1 电路结构

无线话筒相当于一个无线调频发射机，它主要包括拾音电路、限幅电路、调频振荡

电路和指示电路几部分组成。电路原理图如图 8-8 所示。

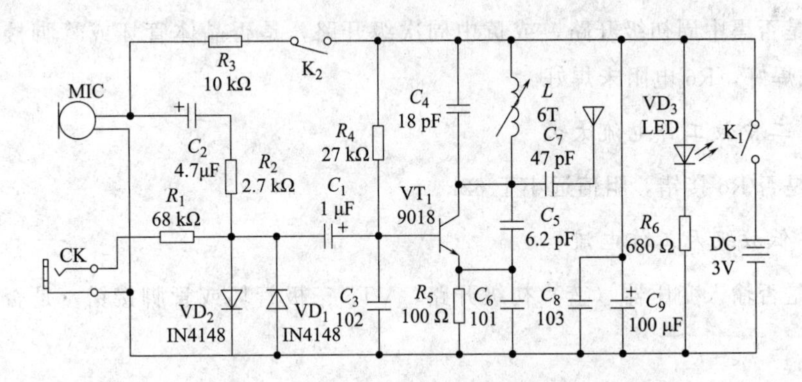

图 8-8 调频无线话筒电路原理图

(1) 拾音电路

拾音电路由驻极体小话筒 MIC 和电阻 R_3 组成。驻极体话筒采集外界声音并转变成音频信号。电阻 R_3 为话筒 MIC 提供直流偏压，R_3 值越小，话筒采集声音的灵敏度越高。

CK 为外部语音信号输入插座，可将外部语音信号引入调频发射机。

(2) 限幅电路

限幅电路由电阻 R_2（或 R_1）和二极管 VD_1、VD_2 组成。二极管导通电压为 0.7V，如果输入信号电压值超过 0.7V，相应的二极管导通分流，从而确保音频调制信号的幅度限制在 −0.7～+0.7V，防止话筒在近距离时，过强的声音会使三极管过调制，产生声音失真甚至无法正常工作。

(3) 调频振荡电路

三极管 VT_1 及其外围元件构成调频振荡电路。外界声波通过话筒 MIC 转变为音频调制信号，音频调制信号经限幅电路限幅，再通过耦合电容 C_1 加至振荡电路振荡管 VT_1 基极，使三极管集电结电容发生变化，振荡频率随调制信号变化，从而实现调频。调频信号通过 C_7 耦合到天线上，从天线向外辐射出去。

电阻 R_4 和 R_5 为振荡管 VT_1 提供静态工作点，同时，直流负反馈电阻 R_5 具有稳定静态工作点的作用；三极管的集电极负载 C_4 和 L 调谐于调频话筒的发射频率。根据元件参数，发射频率可以为 88～108MHz，正好覆盖调频收音机的接收频率。通过调整 L 的数值（拉伸或者压缩线圈）可以方便地改变发射频率，避开调频电台。

(4) 指示电路

工作状态指示电路由发光二极管 VD_3 和电阻 R_6 组成。当调频话筒通电工作

时，发光二极管就会发光。R_6 是发光二极管的限流电阻，C_9 为电源滤波电容，因为大电容一般采用卷绕工艺制作，等效电感比较大，所以在电容 C_9 上并联了一个小电容 C_8。

8.2.1.2 元器件参数

元器件参数及功能如表 8-3 所示。

表 8-3 调频无线话筒电路元器件参数

序号	元器件代号	名称	型号及参数	功能
1	R_3	碳膜电阻	1/8W-10kΩ	拾音电路
2	MIC	驻极体话筒		
3	C_1	电容器	电解电容 4.7μF	音频信号的耦合
4	C_2	电容器	电解电容 1μF	
5	R_1	碳膜电阻	1/8W-68kΩ	限幅电路
6	R_2	碳膜电阻	1/8W-2.7kΩ	
7	VD_1、VD_2	二极管	IN4148	
8	VT_1	三极管	超高频 9018	调频振荡电路
9	C_3	电容器	高频瓷介 102	
10	C_5	电容器	高频瓷介 6.2pF	
11	C_6	电容器	高频瓷介 101	
12	R_4	碳膜电阻	1/8W-27kΩ	
13	R_5	碳膜电阻	1/8W-100kΩ	
14	C_4	电容器	高频瓷介 18pF	
15	L	线圈	参见线圈的制作	
16	C_7	电容器	高频瓷介 47pF	调频信号的耦合
17	ANT	天线	0.5m 长的多股软铜线	拖尾天线
18	C_8	电容器	高频瓷介 103	电源滤波
19	C_9	电容器	电解电容 100μF	
20	R_6	碳膜电阻	1/8W-680Ω	限流
21	VD_3	发光二极管	ϕ3，绿	电源指示灯
22	K_1、K_2	拨动开关		电源、话筒开关

8.2.2 调频无线话筒的电路装配

8.2.2.1 电路装配准备

(1) 电路板设计与制作

利用EDA应用软件完成原理图的绘制及PCB的设计，在电子工艺实验室完成PCB后期制作。

(2) 装配工具与仪器

焊接工具：电烙铁、烙铁架、焊锡丝、松香。

加工工具：剪刀、剥线钳、尖嘴钳、螺钉旋具、剪刀、镊子等。

仪器仪表：万用表、示波器等。

(3) 元器件识别与检测

① 驻极体话筒　驻极体话筒的内部结构如图8-9所示，由声电转换系统和场效应管两部分组成。驻极体话筒有源极输出和漏极输出两种接法。源极输出接法有三根引出线，漏极接电源正极，源极经电阻接地，再经一电容作信号输出；漏极输出接法有两根引出线，漏极经一电阻接至电源正极，再经一电容作信号输出，源极直接接地。

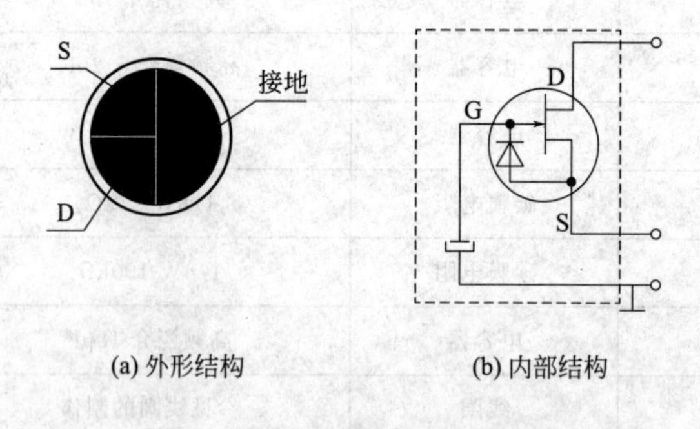

图8-9　驻极体话筒的内部结构

驻极体话筒的极性判别方法：驻极体话筒内部场效应管的源极和漏极直接作为话筒的引出极，只需判断出源极和漏极便确定了驻极体话筒的电极。将万用表拨至$R\times1k\Omega$挡，黑表笔任接一极，红表笔接另一极。再对调两表笔，比较两次测量结果，阻值较小时，黑表笔接的是源极，红表笔接的是漏极。

② 线圈的制作　用$\phi0.4\sim0.6$mm漆包线在圆珠笔芯上绕6圈脱胎而成。空心线圈电感量的计算公式为

$$L=(0.08D^2N^2)/(3D+9W+10H)$$

式中　D——线圈直径，mm；

N——线圈匝数；

H——线圈高度，mm；

W——线圈宽度，mm；

L——电感，mH。

8.2.2.2　整机装配

(1) 电路板的焊接与装配

将经检验合格的元器件安装在电路板上，按照焊接工艺要求，完成电路元件的焊接。装配时请注意：

① 电阻器、二极管（发光二极管除外）均采用水平安装，并紧贴电路板，色环电阻的标志顺序方向一致。

② 电容器、发光二极管及三极管采用垂直安装方式，底部距电路板 5mm。

③ 电感线圈应采用水平安装，并保持线圈长度和形状不变，以免电感量误差过大。

④ 驻极体话筒的两个引出端有正、负之分，安装焊接时不要搞错。

⑤ 连接电池卡座时，将红色的绝缘导线焊接在正极卡座上，将黑色的绝缘导线焊接在负极卡座上。

(2) 电路板的自检

检查焊接是否可靠，元器件有无焊错、漏焊、虚焊、短路等现象，元器件引脚留头长度是否小于 1mm。

8.2.3　调频无线话筒的电路调试与测试

① 仔细检查组装电路，确认电路组装无误后，接上话筒电源，打开开关。

② 打开收音机，置于 FM 频段搜索。一边对着话筒讲话，一边搜索电台，直到收音机传出本人的声音为止。

③ 如果在整个频段（88～108MHz）都收不到自己的声音，或者收到的声音效果不好（不清楚或与某一电台重叠），说明话筒的发射频率不合适，可以小心拨动振荡线圈，增大或者减小每匝之间的距离，然后重新搜索电台。如果还收不到声音，应拆下线圈，改变匝数后再焊接调试，直到效果令人满意。

④ 适当调整电阻 R_3 阻值的大小，使话筒受话灵敏度最大且清晰。

8.2.4　调频无线话筒的故障分析与排除

在电路调试过程中，若电路出现故障，不能正常工作，则需要进行故障分析。故障检查时，要仔细观察故障现象，依据电路工作原理或通过测试仪器仪表分析故障原因，找出故障点，并加以排除。

注意仔细检查电路装配是否正确，有无焊接故障，包括焊错、漏焊、虚焊、短路等。检查时可分块检查，例如，按照“电源电路→拾音电路→限幅电路→调频振荡电路”的顺序逐一检查，直到排除故障为止。

参考文献

[1] 胡宴如．高频电子线路［M］．第4版．北京：高等教育出版社，2008.

[2] 林春芳．高频电子线路［M］．第2版．北京：电子工业出版社，2007.

[3] 严国萍，龙占超．通信电子线路［M］．第3版．北京：机械工业出版社，2003.

[4] 程远东．通信电子线路［M］．北京：人民邮电出版社，2011.

[5] 钟苏，刘守义．高频电路分析与实践［M］．西安：西安电子科技大学出版社，2012.

[6] 于洪珍．通信电子线路［M］．第2版．北京：清华大学出版社，2007.

[7] 曾兴雯．高频电子线路［M］．北京：机械工业出版社，2004.